"十四五"职业教育部委级规划教材

服装流行色
应用与创新

李 填 著

FUZHUANG LIUXINGSE
YINGYONG YU CHUANGXIN

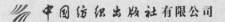
中国纺织出版社有限公司

内 容 提 要

本书以色彩科学理论为基础，并结合色彩体系对色彩风格的归类方法加以分析，详细阐述了由认识色彩科学到创新运用的过程。同时，还配以大量色彩分析案例，对当今极具代表性的设计师和品牌案例进行解析，总结了品牌的整体色彩风格与用色技巧。

全书图文并茂，内容翔实丰富，图片精美，针对性强，具有较高的学习和研究价值，不仅适合高等院校服装专业师生学习，也可供服装从业人员、研究者参考使用。

图书在版编目（CIP）数据

服装流行色应用与创新 / 李填著 . -- 北京：中国纺织出版社有限公司，2022.11

"十四五"职业教育部委级规划教材

ISBN 978-7-5229-0016-2

Ⅰ.①服… Ⅱ.①李… Ⅲ.①服装色彩—流行色—职业教育—教材 Ⅳ.①TS941.11

中国版本图书馆 CIP 数据核字（2022）第 204080 号

责任编辑：李春奕 施 琦 责任校对：寇晨晨
责任印制：王艳丽

中国纺织出版社有限公司出版发行
地址：北京市朝阳区百子湾东里 A407 号楼 邮政编码：100124
销售电话：010—67004422 传真：010—87155801
http://www.c-textilep.com
中国纺织出版社天猫旗舰店
官方微博 http://weibo.com/2119887771
天津千鹤文化传播有限公司印刷 各地新华书店经销
2022 年 11 月第 1 版第 1 次印刷
开本：787×1092 1/16 印张：9.5
字数：143 千字 定价：69.80 元

凡购本书，如有缺页、倒页、脱页，由本社图书营销中心调换

前言

PREFACE

　　色彩是一门人类活动的综合学科，流行色是人类活动中的色彩规律性现象及设计表现，服装领域的流行色彩带动着多个行业的色彩发展。在人类社会性活动中，色彩的应用影响着国家、民族、群体等文化的发扬与传播，能够引起人们身心的强烈感知与高效反馈。针对服装流行色的应用创新需循序渐进，以认识色彩的本质为起点，通过了解色彩的特性与规律，进一步探索其应用与管理的方法，最终可以将色彩化作有效传达的一种语言。

　　全书以递进式的方式解读应用流行色的方法。第一章与第二章为色彩科学与体系，诠释了色彩的本质，其中色彩的不稳定性及其影响因素需着重了解。正因为这些因素的存在，使颜色应用管理存在一定难度与挑战，继而在色彩科学体系化认知与管理章节中，对色彩体系的认识与掌握变得尤为必要。全球的色彩体系中，最适用于服装领域的是 COLORO 色彩体系，该体系从人类视觉角度以七位数编码形式相对客观地展现了色彩的相对可控性，该体系中不乏多项可应用的延展

工具，能为用户在色彩工作中提供高效便捷的有力支持。在第三章与第四章色彩心理与风格中，由泛文化对色彩象征的解读回归至色彩三要素这一色彩构成，来浸入式解析色彩的特性。在我们掌握色彩的泛语言及专业语言之际，便要进一步理解何为色彩风格，这便是储备配色基础知识的必要步骤。第五章将重点讲解体系配色方法论，并结合体系认知与科学的工具以图文形式具象化阐述。当我们掌握了色彩基础认知，学会了科学理论方法后，在第六章方可通过多项实例进行深化理解与进阶操作，完成从入眼到注脑再到落手的学习过程。

　　本书在撰写的过程中，得到了广州市工贸技师学院和上海元彩科技有限公司领导的大力支持，得到了中国应用色彩体系 COLORO 色彩专家吴若曦的全程指导和审阅，在此一并感谢。由于作者水平有限，对于书中存在的问题和不足恳请读者批评指正。

著者

2022 年 10 月

目录

CONTENTS

第一章

感性与理性探究色彩本质 / 001

一、色彩的力量 / 002

（一）色彩是跨领域的学科 / 002

（二）色彩是人脑快速识别信息的载体 / 002

（三）色彩是传达事物魅力的有效工具 / 002

（四）色彩力量作用下的城市 / 002

二、色彩的产生 / 005

（一）看见色彩 / 005

（二）听见色彩 / 006

三、色彩的不稳定性及其影响因素 / 008

（一）视错觉 / 008

（二）标准光线 / 010

（三）测色条件 / 012

（四）色彩本质 / 013

第二章

色彩科学体系化认知与管理 / 015

一、全球色彩体系研究与应用现状 / 016

（一）全球标准色彩体系诞生时间轴 / 016

（二）开创性的色彩体系 / 016

（三）理想化的色彩体系 / 017

（四）拓展色调的色彩体系 / 019

（五）精细化的色彩体系 / 020

（六）直观且易于应用的色彩体系 / 023

（七）各体系多角度对比 / 024

二、COLORO色彩三要素与色立体 / 025

（一）色彩三要素 / 025

（二）COLORO等色相面 / 026

（三）COLORO等明度面 / 028

（四）COLORO等彩度面 / 028

三、COLORO九色域 / 029

（一）九色域的界定 / 029

（二）九色域的基本特点 / 030

（三）九色域的色域界限 / 031

第三章

色彩印象之色彩营销技巧 / 035

一、颜色的象征意义 / 036

（一）最具冲击力的颜色 / 036

（二）意义矛盾的颜色 / 038

（三）颇具希望的颜色 / 040

（四）群众偏爱的颜色 / 041

（五）内含丰富的颜色 / 042

（六）极具性别符号的颜色 / 043

（七）强势的颜色 / 045

二、色彩三要素的心理影响 / 047

（一）色彩的冷暖 / 047

（二）色彩的轻重 / 049

（三）色彩的静动 / 050

第四章

色彩风格之调性分析总结 / 055

一、莫兰迪色彩风格 / 056

（一）艺术家介绍 / 056

（二）莫兰迪画风 / 057

（三）莫兰迪色调 / 063

（四）莫兰迪色调与东方美学 / 064

二、孟菲斯色彩风格 / 068

（一）孟菲斯设计小组 / 068

（二）孟菲斯设计风格 / 069

（三）孟菲斯艺术溢价 / 071

（四）孟菲斯色调 / 074

第五章

色彩搭配之经典方法要领 / 075

一、色彩的语法 / 076

（一）色相关系 / 076

（二）明度关系 / 078

（三）彩度关系 / 081

（四）色彩九大调 / 083

二、色彩的调和 / 091

（一）色彩调和的原理 / 091

（二）同色相调和 / 092

（三）同明度调和 / 094

（四）同彩度调和 / 095

第六章

服装流行色的分析与运用解读 / 097

一、2022年秋冬全球服装流行色趋势 / 098

（一）2022年全球宏观背景 / 098

（二）全球色相趋势演变 / 098

（三）2022/2023秋冬全球流行色 / 100

二、流行色分析与搭配 / 103

（一）2022/2023秋冬全球色彩——数据定位 / 103

（二）2022/2023秋冬全球色彩——同色相配色 / 104

（三）2022/2023秋冬全球色彩—— 同色系三元调和 / 106

（四）2022年度色彩解析与主题搭配 / 111

三、品牌色彩数据分析 / 131

（一）麦丝玛拉（MAX MARA）/ 131

（二）爱马仕（Hermès）/ 132

（三）MSGM / 134

（四）高田贤三（KENZO）/ 135

（五）蔻依（Chloe）/ 137

（六）吉尔·桑达（JIL SANDER）/ 138

（七）拉夫·西蒙（Raf Simons）/ 140

（八）斐乐（FILA）/ 141

第一章

感性与理性探究
色彩本质

本章综合"感性"与"理性"双维度，探究色彩学科的本质内容，掌握流行色运用方法前，须掌握色彩学科中色彩的本质特性，从而更准确且多维地发散其在服装领域的应用方法。

"色彩的力量"站在感性的视角，直击色彩对人类活动的重大影响。而后，从科学理性的维度详解色彩产生的条件下，势必存在的不稳定性。这些变量对服装色彩的应用存在着多面的影响。"正面"即为多变必然多面，如若针对其特点发挥想象力，则可延伸出绝妙的应用创新方案。"负面"即不可控性或是难以掌控性，针对负面影响，我们需要使用相应的色彩科学工具和方法，提高色彩应用的准确性。

一、色彩的力量

（一）色彩是跨领域的学科

色彩覆盖了艺术、化学、物理、生物、社会甚至心理学等学科（图1-1）。在校园内以学科划分专业领域，在社会中以行业分类职业规划。而自人类降生睁开双眼的那一刻，色彩便自始至终贯穿整个人生的所见所闻所感，色彩的力量无处不在。

（二）色彩是人脑快速识别信息的载体

人类大脑处理图像的速度要比文字快"6万倍"（图1-2），这是什么概念？在碎片化信息横行的时代，快速传达、捕捉信息的关键技巧，便是巧妙运用色彩这一信息载体。

（三）色彩是传达事物魅力的有效工具

在餐厅点单时，人们更愿意接受直观的彩色图样对应着文案说明（图1-3），待选购的商品在色彩的渲染下更具竞争力与诱惑力。

（四）色彩力量作用下的城市

罗西尼亚贫民窟，位于巴西里约南区的罗西尼亚（Rocinha）（图1-4），被认为是南美洲最大的单体贫民窟，据统计约有25万人生活其中。

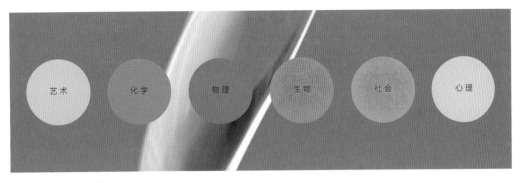

图1-1　色彩所跨学科

图1-2　红色的字样最醒目

图1-3　无色与有色的菜单对比

巴西政府与荷兰艺术家Jeroen Koolhaas和Dre Urhahn联手，与当地25个青少年合作，对34套房屋外墙进行粉刷创作。从远处的高山眺望贫民窟时便可以看到这道风景（图1-5），现在这里已成为里约的著名景点。

图1-4　罗西尼亚原貌

图1-5　罗西尼亚粉刷之后样貌

涂鸦色彩对罗西尼亚贫民窟具有重要的影响，不仅改善了当地人民的生活环境，加速了当地经济的发展，降低了犯罪率，还使当地特色的艺术教育也得到宣传。

在色彩的力量下，城市面貌焕然一新，当地人民生活在一片绚烂的环境中，幸福感倍增，对城市产生了更多的归属感（图1-6、图1-7）。

图1-6 罗西尼亚游客拍摄照

图1-7 罗西尼亚旅行宣传海报

二、色彩的产生

（一）看见色彩

看见色彩的首要条件是光，夜幕降临时若没有灯光，会因眼前一片漆黑，而捕捉不到物体的形态和颜色。因此光是色彩产生的关键要素之一，没有光我们就看不见颜色。

另外一个原理是"光赋予了物体以颜色"。在17世纪中叶，牛顿做了一个实验（图1-8），让太阳光线通过门上凿的洞射入室内，再使光经过三棱镜落在白纸上。实验发现，当太阳光通过一块三棱镜之后可以被分解为如彩虹一般的光带。于是，关于颜色如何产生的思考开始了。

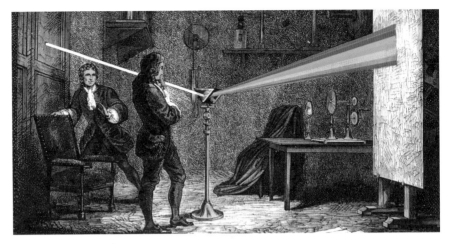

图1-8 牛顿分光实验

物体颜色的产生必要条件有三个：光线、物体、眼睛。一般情况下，我们所看到的物体颜色，是由于光线照射到物体表面后，被再次反射进入人眼，人眼中的感光细胞识别后，大脑做出了主观的判断而得出的颜色。所以对物体颜色的判断，三者条件缺一不可（图1-9）。

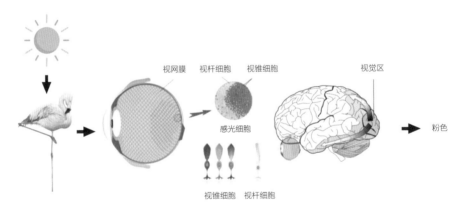

图1-9 人眼识别色彩过程

（二）听见色彩

当缺失了其中一个看见色彩的条件时，颜色便不再如往常所感知的形式出现。全球首位半机械人艺术家尼尔·哈比森（Neil Harbisson）作为一个全色盲患者（图1-10），在缺失了健全的感光细胞的条件下，是如何识别色彩的呢？

在英国出生、在西班牙长大的尼尔·哈比森11岁那年得知自己将永远看不见颜色了。直到2003年，在一场寻常的大学讲座中，他偶遇了一个有幸改变他人生的伙伴亚当·蒙丹顿（Adam Montandon）。两人相见恨晚，在亚当的团队协助下，尼尔戴上了一个色彩感应器和发声装置。尼尔成为世界上第一个官方认证的半机械人，从此黑白人生也奏出了彩色的交响乐（图1-11）。

　　尼尔头顶的感应器可以识别色彩，植入大脑的芯片再根据各种色彩生成不同的声波，耳后的播放器将这些声波播放出来，通过骨传声他便可以听到不同的色彩。在最初的设计中，色彩感应器和发生装置并没有植入他的脑部，而是像耳机一样的外戴装置。后来，尼尔执意要通过手术把它们变成自己身体的一部分。尼尔的大脑还被植入了一个远程传感芯片，可以接收朋友们通过网络发来的图片，并将其中的色彩转化为声音播放。

　　如今他可以听辨360种色彩，这与正常人的色彩视觉基本相同，甚至还可识别不可见光的声音。尼尔平日最喜欢去逛超市，尤其是家庭清洁用品的货架，五颜六色的包装演奏出有强烈节奏感的旋律，如同在酒吧参加一场热闹的派对。

　　于是脑洞大开的尼尔·哈比森开始思考：如果色彩可以听见，那么声音一定也可以看见。他开始了自己的艺术项目，将那些著名的音乐和演讲音频转化为色彩图案，这不只是声音与色彩的转译，更是视觉与听觉的联动，尼尔·哈比森让我们听见了色彩（图1-12、图1-13）。

图1-10　正在充电的半机械人尼尔·哈比森

图1-11　正在"听颜色"的半机械人尼尔·哈比森

图1-12　尼尔·哈比森"听到的"青春摇滚风格歌曲的颜色

图1-13　尼尔·哈比森"听到的"约翰·塞巴斯蒂安·巴赫（Johann Sebastian Bach）的《d小调托卡塔与赋格》的颜色

三、色彩的不稳定性及其影响因素

（一）视错觉

棋盘阴影错觉实验是麻省理工学院教授爱德华·H. 阿德尔森（Edward H. Adelson）于1995年所发表的视觉色彩实验，"A和B的色块颜色看起来不一样"，实际上是一样的（图1-14）。

水彩错觉（Water Colour Illusion）如图1-15所示，"被黄色线条包围的部分是否比周围的白色更黄一些？"实际上线外与线内的纸面都是白色的。

艾宾浩斯错觉（Ebbinghaus Illusion）如图1-16所示，"图中的两个黄色点一样大吗？"这是一种对实际大小知觉上的错视，实际上左右两个黄色的圆点是一样的大小。

蒙克·怀特错觉（Munker-White Illusion）如图1-17所示，"图中左右两条绿色带是一样的吗？"答案是一样的。黑色的条纹对绿色条纹产生了环境色影响，使得原本同样的绿色，在不同的环境色中呈现出了不同的视觉效果。

图1-18为有名的赫尔曼方格（Hermann Grid），其名字源于德国科学家卢迪马尔·赫尔曼（Ludimar Hermann）。最初的赫尔曼栅格图案相当简单：黑色的方块整齐排列，中间空出了垂直相交的白色条纹。而在观察这幅图的时候，观看者却总会觉得余光所及之处，白色交叉点上存在着"暗点"，而只要视线中

图1-14 棋盘阴影错觉实验

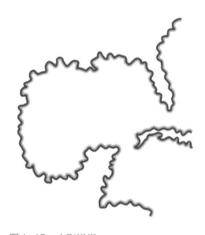

图1-15 水彩错觉

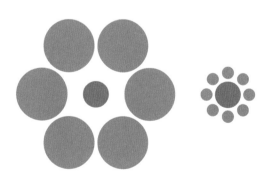

图1-16 艾宾浩斯错觉

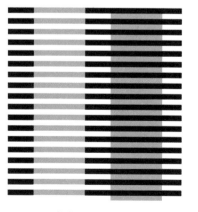

图1-17 蒙克·怀特错觉

心转移到那里，"暗点"就会消失，仿佛永远都追逐不到。赫尔曼方格是一个著名的"有力视错觉"，所有人都会看到这个"现象"。

图1-18　赫尔曼方格

视错觉的现象启发我们对色彩及其形态的观察存在着"不确定性"，这些错觉对设计师在做色彩设计相关工作时，会有一定的影响。如果我们对其进行深度应用和研究，可以创新别具一格的色彩应用，这是我们应当考虑的课题。

另外，如若究其缘由，许多视错觉往往是由于色彩被观察到的必要条件，即"光—物—眼"中的某个因素产生了一些微妙的"不可控"变化。因此，在色彩工作进展的交流中，应尽量避免这三个条件不可控的情况，增强标准化的前提环境一致性极为重要。

（二）标准光线

电器照明出现之前，人类接触到的最重要的光源是太阳光和火焰。太阳光也称自然光，当自然光作为观察光源时，会受到自然界环境的影响，因为气候、时间等因素的不同，同样的景色会因光线的不同呈现不一样的氛围感（图1-19）。

图1-19　自然光在不同气候、不同时间的色彩呈现

服装流行色应用与创新

　　所谓氛围感的不同似乎是由于光线下温度感的不同造成的，这里涉及一个关于温度的概念，即光源是有色温的。

　　苏格兰数学家和物理学家劳德·开尔文（Lord Kelvin）在1848年最早发现了热与颜色的紧密结合关系，并且留给世界了一个伟大的"绝对零度"（-273.16℃）概念，从此创立了开氏温标。金属加热后在不同温度下呈现出的可见光色彩就是色温。把黑体加热到一定温度，其发射的光的颜色与某个光源所发射的光的颜色相同时，这个加热黑体的温度称为该光源的颜色温度，简称"色温"，以单位"K"（开尔文温度单位）表示（图1-20）。

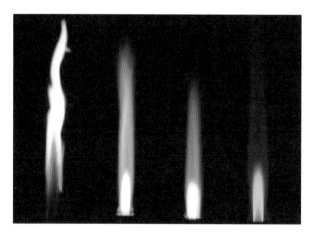

图1-20　金属燃烧时在不同温度下的可见光

　　这跟我们理解的色彩的冷暖相反：色温越高，光越偏冷；色温越低，光越偏暖。低色温（＜3300K）含有较多的红光、橙光，如早晨八时左右的太阳光，有温暖、温馨的美感；中色温（3300~5500K）所含的红光、蓝光等色光较均衡，如上午8点以后10点以前的太阳光，有温和、舒适的美感；高色温（＞5500K）含有较多的蓝光，如上午10点以后下午2点以前的太阳光，此时的太阳光给人以明亮、清晰的美感（图1-21）。

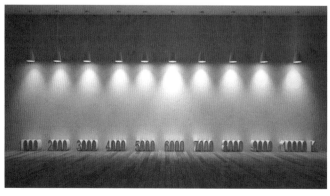

图1-21　色温值与光色冷暖对照

由于在不同光谱的光源下，物体会呈现不一样的"样貌"（图1-22），即光谱反映。因此，我们须了解光源的显色性（Ra），即光源对物体真实颜色（标准光源下颜色）的"呈现程度"。色温和显色性是影响光源对色彩还原能力最重要的两个指标。

图1-22　不同光谱下的水果色彩呈现对照

要想评价一个物体色泽如何，必须在同一个标准光源下观察。标准光源即由国际照明委员会（CIE）规定的其辐射近似CIE标准照明体（具有与某一时刻的昼光相同或近似相同相对光谱功率分布的照明体）的人造光源。

自然光被认为是观察物体颜色最为理想的光源，但是受时间和环境的限制，人们不可能时时刻刻在自然光下观察物体的颜色，在多数情况下，人们只能采用人造光源来观察物体颜色。为了提高颜色观察的准确性，就必须使用接近自然光光谱成分的人造标准光源来观察物体的颜色。只有具备了一定的色温和显色指数（一般为5000K或者6500K色温，95%以上的显色指数，即Ra＞95）的光源才能够被称为标准光源。

Ra代表的仅仅是一般显色指数。在照明行业中，R9的重要性越来越高，所谓R9就是灯具显色指数中对红色的显示能力。简单来说，灯具R9越高，在照射水果、鲜花等色彩鲜艳物体时的效果越逼真。

（三）测色条件

光源色彩的还原能力、物体表面对光线的处理能力、人眼机能的健康状态等，都是影响色彩呈现的关键要素。我们在观察测色和把控产品色泽等色彩工作中，要尽可能地保持这三个元素的稳定性。首先是光源，D65标准光源又称国际标准人工日光，其色温为6500K，是评定货品颜色的标准光源，使用标准光源检测货品颜色偏差尤其重要；其次是借助基于具备科学色彩体系支撑的标准实物色卡；最后是人眼校对，须具有健康识色机能的观测者3人及以上，进行非视疲劳期间的观测。

（四）色彩本质

印象派画家奥斯卡·克劳德·莫奈（Oscar-Claude Monet）进行艺术创作时是基于色光对物体色的改变原理。如图1-23所示，展示的是莫奈在

图1-23　莫奈作品《鲁昂大教堂》（1892~1894年）

1892~1894 年完成的系列画作，作品主题是《鲁昂大教堂》，描绘的是鲁昂大教堂正面在不同光照条件下的景象。莫奈会在同一个场景的同一个角度进行写生，在画布上还原他通过视觉接收到的色彩信号。

莫奈用作品传达出颜色不是物体所固有的特性，而是物体反射出来的光线。在这种观点影响下，同时期的画家努力探索一种有效的方法，以突破物体的单一的、表面看来一成不变的"固有"色。他们力图捕捉物体在特定时间内所自然呈现的那种瞬息即逝的颜色，那种受气氛条件、距离和周围其他物体影响的颜色。他们把这一做法从建筑物扩大到天空等其他物体的表现方法中，笔触简洁明了，远看是一堆混合的颜色，其实是用未经调和的颜色来描绘经阳光反射而产生的形形色色的颜色。

印象派不仅仅是画家的感觉印象，并不完全属于感性层面，也是科学事实的呈现。所以我们在看艺术色彩的时候，也是在探究其中包含的科学理性。色彩的本质是人类主观意识下，对客观现象进行科学与艺术性解读的一种语言。

第二章

色彩科学体系化认知与管理

掌握流行色分析方法，须掌握科学系统的色彩体系化知识，从而更高效且轻松地完成针对性色彩分析任务。

本章详细介绍了全球五大色彩体系。首先详解每个色彩体系的特点以及优势，后以横向对比视角总结针对服装领域最适用的色彩体系，并在后两节中加以应用化的解析。

一、全球色彩体系研究与应用现状

（一）全球标准色彩体系诞生时间轴（图2-1）

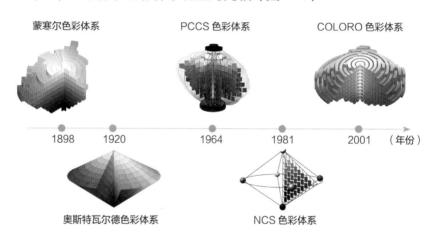

图2-1 全球标准色彩体系诞生时间轴

（二）开创性的色彩体系

蒙塞尔颜色体系（Munsell Color System）是由明度（Value）、色相（Hue）及纯度（Chroma）三个维度来描述颜色的方法。这个颜色描述系统是由美国艺术家阿尔伯特·亨利·蒙塞尔（Albert Henry Munsell）在1898年创立的（图2-2）。

在蒙塞尔体系中，任何一种颜色都可以用色相/明度/纯度（H/V/C）值来表示，比如"5R/4/14"色即代表：明度值为4，纯度值为14的5号红色（图2-3）。

蒙塞尔是第一个把色调、明度和纯度分离成为感知均匀和独立的尺度，并且是第一个系统地在三维空间中表达颜色的关系。蒙塞尔的系统，尤其是其后的再标记法，是基于严格的人类受试者测量的视觉反应，使之具有坚实的实验科学依据。基于人类的视觉感知，蒙塞尔的系统熬过了其他现代色彩模式的挑战，尽管在某些领域其地位已被某些特殊用途的模型所取代，但蒙塞尔色彩系统目前仍然是最广泛使用的系统。

图2-2　蒙塞尔色彩体系

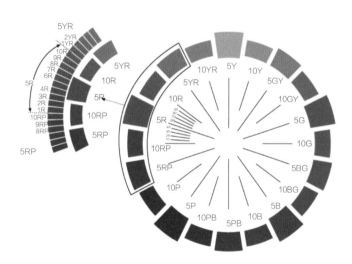

图2-3　蒙赛尔色相环

（三）理想化的色彩体系

奥斯特瓦尔德色彩体系（Ostwald Color System）是由德国化学家威廉·奥斯特瓦尔德（Friedrich Wilhelm Ostwald）于1920年发表，是立足于色彩知觉的理想化色彩体系（图2-4）。

在这个体系中，认为所有颜色都是由"黑"（Black），"白"（White），"纯色"（Full Color）三种成分按照一定的面积比例旋转混色得到，而且 W+B+F=100（%）。奥氏色相环由24个色相组成。从"生理四原色学说"（红、黄、蓝、绿）出发，两两等量混合共得到8个主色，每两个主色之间再插入两个等分色，组成24色相环（图2-5、图2-6）。

这种运用数比尺度进行选色搭配的方法是严谨的德国色彩体系的传统，但奥氏色相环并不具备视觉上的等间隔性，色彩表达的细致和均匀程度不足，是相对理想化的色彩组成体系，因此鲜有权威的机构将它作为色彩表示和运用的标准。

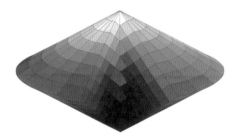

图2-4　奥斯特瓦尔德色彩体系

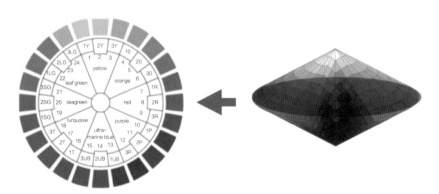

图2-5　奥斯特瓦尔德色立体与色相环

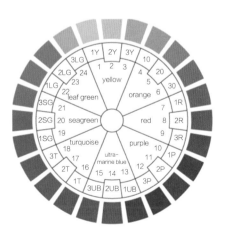

图2-6　奥斯特瓦尔德色相环

（四）拓展色调的色彩体系

PCCS（Practical Color Coordinate System）色彩体系（图2-7）是日本色彩研究所研制，将色彩的三属性关系，综合成色相与色调两种观念来构成色调系列的拓展体系。

图2-7　PCCS色彩体系

如图2-8所示，左边为无彩色区域，从上到下为白色、灰色、黑色。右端是纯色，从纯色往左上方到白色附近，是纯色中加入不等量的白色，构成了明色调；从纯色往左下方到黑色附近，是纯色中加入不等量的黑色，构成了暗色调。中间部分为纯色加入不等的灰色，构成中间色调。最右端为鲜艳色调，也就是纯色调；往左上方依次是明亮色调、浅色调、淡色调，越往上白色成分越多；往左下方依次是深色调、暗色调、暗灰色调，越往下黑色成分越多。中间最靠近纯色调的区域，是纯色加入少量的灰色，称为强烈色调。加入更多的浅灰，形成轻柔色调和浅灰色调；加入更多的深灰，形成浊色调和灰色调。每个色调都用一个英文单词描述，显示它的缩写。每一个色调区域都可以有一个色相环。从色调的观念出发，平面展示了每一个色相的明度关系和纯度关系，从每一个色相在色调系列中的位置，可以明确地分析出色相的明度、纯度的成分含量。

PCCS色彩体系明度分为9个明度等级，是以蒙赛尔修正色系为标准。彩度是以视觉纯度色感一致的纯色相作为标准色。彩度以字母S（Saturation）为标志，按视觉的纯度差，划分为9个等级。色相和明度基本原理和蒙赛尔体系原

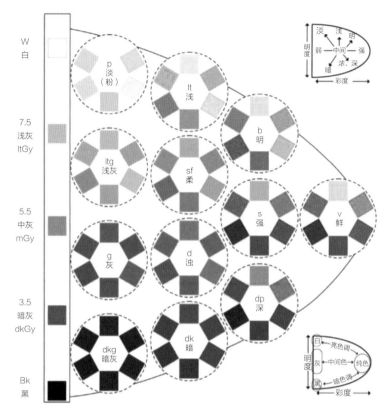

图2-8　PCCS色调

理相近，只是为了引入三角形色彩调和理论把各色相的彩度硬性规定为统一级别并规定了虚拟的最高彩度9S（图2-9）。

　　PCCS色彩体系有着丰富的色调风格分类，常被作为配色工具沿用，但由于虚拟纯度值的限定，体系内的色彩数据体量因此有一定局限。

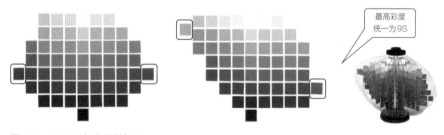

图2-9　PCCS色立体纵切面

（五）精细化的色彩体系

　　自然色彩体系NCS（Natural Color System）的研究起始于1611年，于1979年完成，是瑞典的国家标准（图2-10）。

NCS色彩体系以六个原色为基准色：红（R）、黄（Y）、绿（G）、蓝（B）、黑（S）、白（W），是人脑固有的色彩感知特征、理想的颜色。色立体中部的水平圆周长是红（R）、黄（Y）、绿（G）、蓝（B）四个色彩基准色，在色相环上形成直角分布。NCS色彩三角是色彩空间的纵轴（W-S）和色彩圆环上纯彩色而形成的垂直剖面，它表示颜色的黑度（S）、白度（W）及彩度（C）等关系（图2-11、图2-12）。

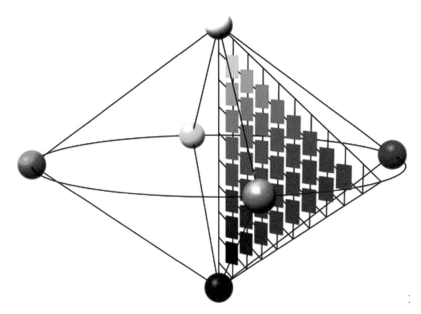

图2-10　NCS色彩体系

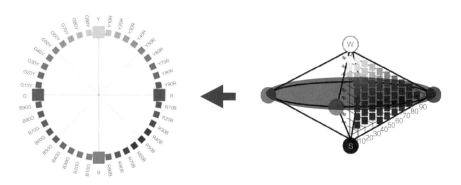

图2-11　NCS色立体与色相环

NCS的色彩编号，是将颜色的含黑量和纯色的占有量用数字标出。例如，色彩编号为S2030-Y90R，2030表示黑度和彩度的含量，即黑色占20%，纯色占30%；而Y90R表示色相，即这个颜色90%为红色，10%为黄色（图2-13）。

NCS色彩体系颜色分级基本和视觉感觉一致，使用很方便，非专业人士无须使用测量仪器或参考色卡也可以用NCS的方法判定色相、含彩量和黑、白色含量。从形态上来看，奥斯特瓦尔德与色彩体系NCS色彩体系类似，不同的是奥斯特瓦尔德色彩体系属于混色系，即基于物理性的色刺激的混合比例做成的表色系。NCS色彩体系则属于显色系，即按心理上比例将色差等间隔地排列成色阶。

　　NCS色彩体系色域宽，色彩分级细，色彩数量多，色彩样本与色彩参数的公差小，在产品色彩制造行业领域具有优势。

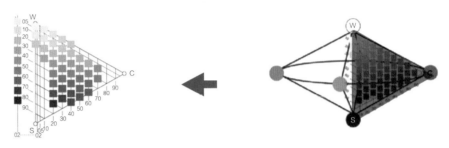

图2-12　NCS色立体与其垂直剖面

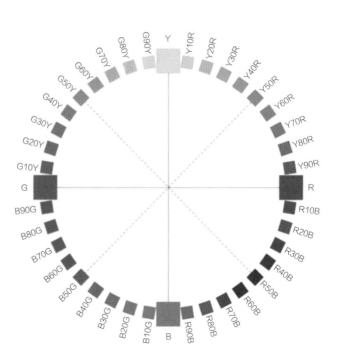

图2-13　NCS色相环

（六）直观且易于应用的色彩体系（图2-14~图2-16）

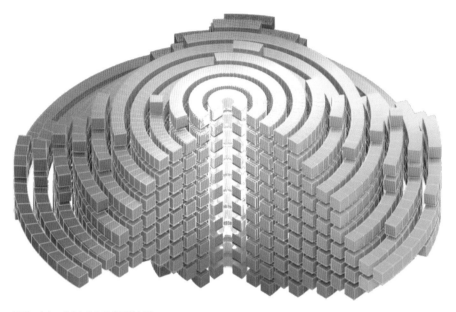

图2-14　COLORO色彩体系

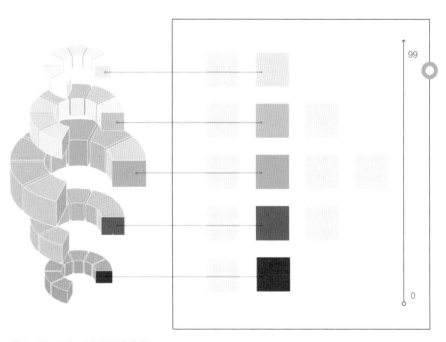

图2-15　COLORO明度分级

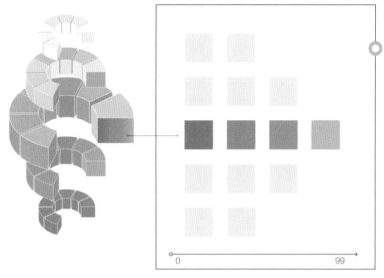

图2-16 COLORO彩度分级

（七）各体系多角度对比（表2-1）

表2-1 各体系多角度对比表

色彩系统	蒙赛尔色彩体系（Munsell Color System）	奥特瓦尔德色彩体系（Ostwald Color System）	PCCS色彩体系（Practical Color Coordinate System）	NCS自然色彩体系（Natural Color System）	中国应用色彩体系（COLORO Color System）
发明者	蒙塞尔	奥斯特瓦尔	日本色研所	瑞典色彩中心	中国纺织信息中心
发明时间	1898年	1920年	1964年	1979年	2001年
色相环正色	红、黄、绿、蓝、紫（共5色）	黄、橙、红、紫、蓝、蓝绿、绿、黄绿（共8色）	红、绿、黄、蓝（共4色）	红、绿、黄、蓝（共4色）	红、橙、黄、黄绿、绿、蓝绿、蓝、蓝紫、紫、紫红（共10色）
色相级数	100级	24级	24级	400级	160级
明度级数	11级	8级	18级	100级	100级
饱和度级数	30级	8级	9级	100级	100级
色卡标准色	1737色	594色	1071色	1950色	3500色
色空间是否对称	否	是	否	是	否
色值举例	5G2.5/2	3Yia	8Y-80.0-85	S 2030-G30Y	025-57-12

二、COLORO色彩三要素与色立体

（一）色彩三要素

色彩的精准表达，需要三个要素的确定：色相（颜色相貌的精准表达，即人们日常所述的红、橙、黄、绿、青……）（图2-17）、明度（明暗程度的精准表达）、彩度（鲜艳程度的精准表达）。

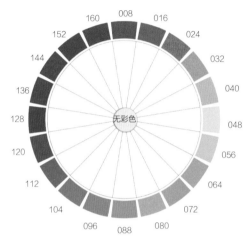

图2-17 COLORO色相环

COLORO色彩编码由七位数字构成，即COLORO色号（如012-23-37）前三位是色相，表明了颜色的类别，我们将这些类别按等级划分成160种色相（001~160）；中间两位是明度，明度值的区间值为00~99；后两位是彩度，区间值为00~99。基于此，COLORO色彩体系中可以完成1600000种颜色的七位数编码。是目前全球最庞大的色彩数据库体系（图2-18）。

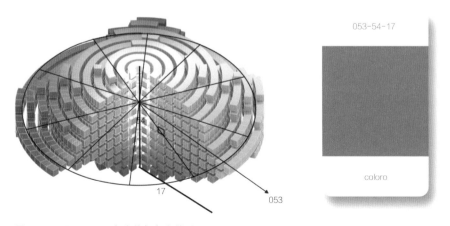

图2-18 COLORO色立体与色彩编码

（二）COLORO等色相面

选取COLORO色立体某个半径，以垂直方向裁切可以得到色相一致的色彩合集。它们集中于一个平面，称为"等色相面"（图2-19）。在这样的等色相面中，存在着同一个色相的明度与彩度的数值变化（图2-20~图2-25）。

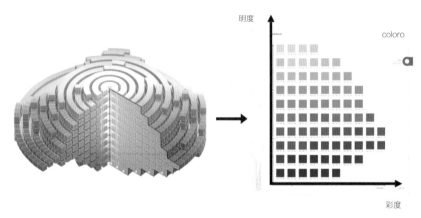

图2-19　COLORO色立体中截取的等色相面

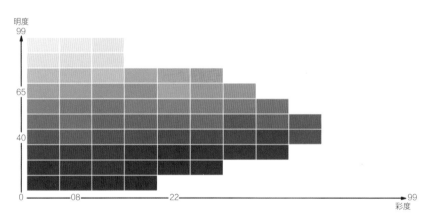

图2-20　等色相面A

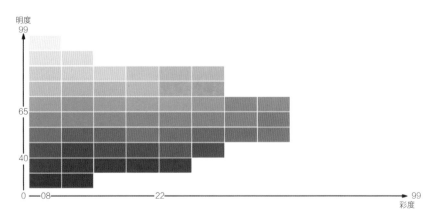

图2-21　等色相面B

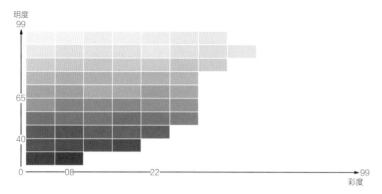

图 2-22　等色相面 C

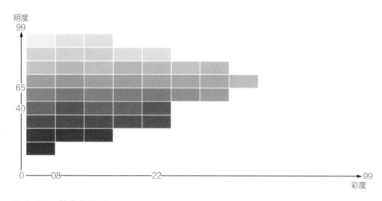

图 2-23　等色相面 D

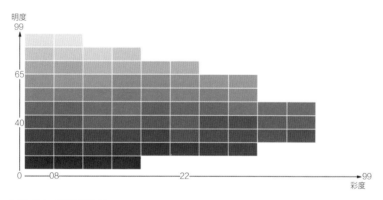

图 2-24　等色相面 E

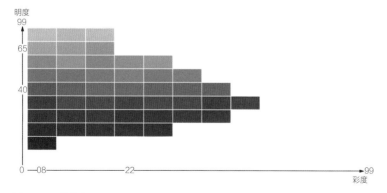

图 2-25　等色相面 F

COLORO基于人眼识色，将160万种颜色完成了数字化系统梳理，依照体系排列规律，有多少个色相便有多少个等色相面。

（三）COLORO等明度面

以COLORO明度尺方向为裁切面，在平行方向进行裁切，可以得到明度一致的色彩合集。同样，有多少明度分级，就有多少个这样的色彩合集，它们是COLORO的等明度面（图2-26）。

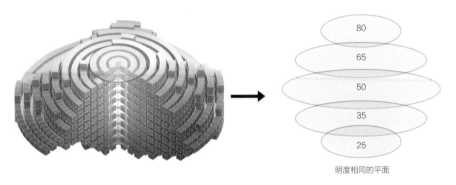

图2-26　COLORO色立体与等明度面

（四）COLORO等彩度面

在COLORO色立体中，以俯视的角度确定一个半径的圆环，以此圆环为"刀口"，垂直向下裁切，可以得到彩度相同的近似的空心圆柱（图2-27）。

如果该圆环的半径为32，展开该圆柱，能得到彩度为32的所有色彩（图2-28）。

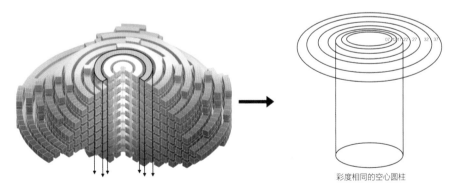

图2-27　COLORO色立体与彩度相同的空心圆柱

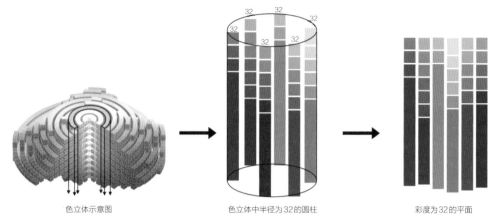

图2-28　COLORO色立体与彩度为32的所有色彩

　　以上是将COLORO的色立体以不同角度裁切而得到的不同的色彩合集。无论是等色相面、等明度面抑或是等彩度面，加深对它们的理解，对色彩识别及色彩搭配工作有着重要的奠定性作用。

三、COLORO九色域

（一）九色域的界定

　　以等色相面为例，明度低于40的色彩为低明底色彩，明度介于40~65的为中明度色彩，明度高于65为高明度色彩。同样地，在彩度区间中，低于08为低彩度色彩，介于08~22的为中彩度色彩，彩度值高于22的即为高彩度色彩（图2-29）。

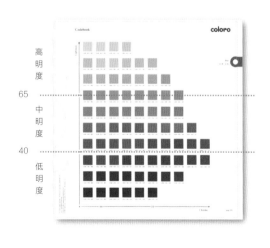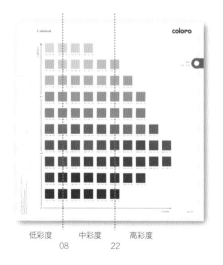

图2-29　等色相面明度与彩度的分级

若40和65两条明度界限与08和22两条彩度界限，两两相交于同一个平面中，可以界定出明度与彩度各有特性的9个色域，我们称为COLORO的九色域（图2-30）。

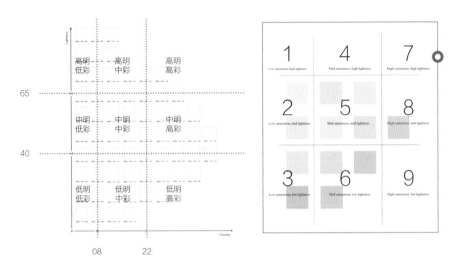

图2-30　COLORO九色域的界定

（二）九色域的基本特点

当拥有一批无序的色彩合集时，可以将其在COLORO色彩体系中找到每个色彩的七位数编码，聚焦它们的明度数值与彩度数值。再将它们按九色域的界定范围进行排序，便可以得到这批色彩的风格分类排序（图2-31）。

这便是COLORO九色域的特点之一，它可以用于对大批量色彩的梳理与整合，便于用户对色彩的管理与应用。

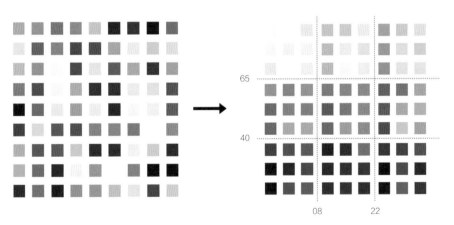

图2-31　COLORO九色域色彩梳理

（三）九色域的色域界限（图2-32~图2-40）

图2-32　第一色域：高明度（65~99）
低彩度（00~08）色域

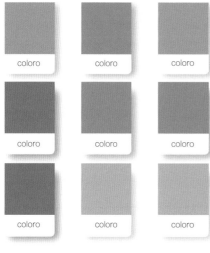

图2-33　第二色域：中明度（40~65）
低彩度（00~08）色域

图2-34　第三色域：低明度（00~40）
低彩度（00~08）色域

coloro

coloro

coloro

coloro

coloro

coloro

coloro

coloro

coloro

图2-35　第四色域：高明度（65~99）
中彩度（08~22）色域

coloro

coloro

coloro

coloro

coloro

coloro

coloro

coloro

coloro

图2-36　第五色域：中明度（40~65）
中彩度（08~22）色域

coloro

coloro

coloro

coloro

coloro

coloro

coloro

coloro

coloro

图2-37　第六色域：低明度（00~45）
中彩度（08~22）色域

图2-38　第七色域：高明度（65~99）
高彩度（22~99）色域

图2-39　第八色域：中明度（40~65）
高彩度（22~99）色域

图2-40　第九色域：低明度（00~40）
高彩度（22~99）色域

　　COLORO九色域为该体系的重要色彩应用工具之一，通常用于企业色彩数据化梳理、品牌的产品色彩风格分析以及流行色色系风格总结、配色方法论输出等。

　　在熟悉了色彩科学属性，掌握色彩体系化工具之际，我们便能以更严谨的态度对待色彩这一门学科，从而为具备服装流行色应用创新能力奠定坚实的基础。

第三章

色彩印象之色彩营销技巧

掌握流行色运用的要领之一，是掌握色彩与人类的故事性连接要素，从而打造流行色的共情性与创意性。

本章开篇列举多个色彩的象征性意义案例，不仅涉及色彩的文化象征性意义，更是拓展出由基础的象征意义发展而来的"延展意义"。旨在开拓读者对色彩故事性意义的思维活跃度，想象力的迸发是重要的色彩应用开拓目标。本章后半部分着重讲解色彩三要素对心理的影响，同样是用色彩讲故事必备的基础知识储备。

一、颜色的象征意义

（一）最具冲击力的颜色

红色是世界语言中最古老的颜色之一。红色受到男性与女性同等的青睐，很大一部分原因是因为红色是力量的象征，是最不容替代的色彩，其延展象征性词语为独立、冲击、本真。

法拉利红，代表着速度与激情（图3-1）。自1920年以来，红色是国际赛车史中意大利的代表色，也是法拉利命脉色，代表着生命力、热血的赛道精神。赛车红（Rosso Corsa）是法拉利色彩样本中上百种红色最醒目的一个，Rosso在意大利语中是红色的意思。经历了长久的市场考验，赛车红也是最受客户喜爱的颜色。法拉利对红色的偏好在20世纪90年代初期达到了高峰，85%的法拉利都选用了红色，如今也占有40%的比例。

法国品牌克里斯提·鲁布托（Christian Louboutin）经典的红底高跟鞋中，红色赋予了品牌灵魂般的意义（图3-2）。在一次工作间隙中，克里斯提·鲁布托先生无意间看到女助理往脚趾上涂指甲油，冲击的色泽一下子刺激了他的灵感。他将正红色涂在了鞋底上，没想到效果出奇的好，至此，令人不容忽视的这抹鞋底红色标志，为其品牌的鞋子附加了更多典雅的质感。

科学研究表明，红色能够提高运动表现。2005年发表在《自然》杂志上的一项研究成果表明，穿红色队服的运动队，胜率要高于穿蓝色队服的运动队；英国的研究人员发现，在几届奥运会上，当其他因素都相同时，穿红色队服的竞争者更有可能胜出；澳大利亚麦考瑞大学的研究者认为，红色会让人具备竞争优势和充沛的精力（图3-3）。

图3-1　法拉利赛车红

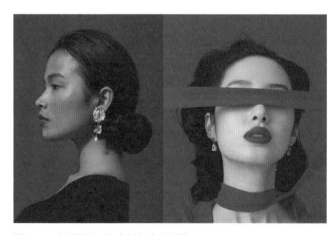

图3-2　克里斯提·鲁布托红底高跟鞋

⬤ 胜利者的红色

图3-3　胜利者的红色

（二）意义矛盾的颜色

　　黄色含义总是矛盾的，不同的人对黄色的理解存在着很大的偏差。据调查统计，最不喜欢黄色的人数与最喜欢黄色的人数十分接近。黄色是最受主观影响的颜色，其延展象征性词语为警觉、当下、轻快。

　　黄色是警醒的色彩，自然界中的生物皮表的鲜黄色或是酸涩口感的黄色表皮食物，都起到了视觉、味觉刺激效果。对此，人类也将黄色运用在警告标志中，各国家采用的警示牌多是以黄色作为底色。黄色在很多场合都用作警告色，最典型的如交通信号灯中的黄色信号灯。为了易于被人们接受和认知，更是选用了与黄色构成明度强对比的黑色作为图案和线条颜色。黄色和黑色的颜色组合提高了警告标志良好的识别效果，更易于驾驶员从复杂的背景中辨认出警告标志（图3-4）。

图3-4　警醒的色彩"大自然的警示"

　　黄色也是享受当下的色彩，象征着成熟的乐观。或许没有哪一种黄色，比文森特·威廉·梵·高（Vincent Willem van Gogh）绘画中的金黄更加震撼。在他充满苦难的一生里，黄色串联起生命中那些短暂的、被爱与希望滋润的时刻。11岁时，梵·高站在寄宿学校台阶上目送父母乘坐的马车驶离，成为他永生难忘的记忆："望见远去的黄色小马车奔驰，穿越牧场……在那种时刻和今天之间，延绵着岁岁年年，这期间我感到自己是一切的局外人……"自此，黄色在梵·高的生命中被赋予了不同寻常的意义。梵·高强调以色彩表现人的主观精神感受，注重色彩的主观性和表现力，通过色彩的主观性表现淳朴、炽热的内心感受。梵·高画中的明黄色是热烈的，象征着丰收、辉煌，更象征着梵·高内心火热的激情（图3-5）。

图3-5　梵·高绘画作品中的黄色

黄色是稍纵即逝的色彩，是具有时效性感官的色彩，也因它的温暖轻盈，引申出快捷效率高的意义。结合它的欢乐与传达愉悦的特性，需要传达其运送高效性的物流公司，在很多品牌视觉形象上多使用黄色。在游乐场等活动场地也多应用黄色装置来营造欢乐的氛围感（图3-6）。

图3-6　小黄鸭装置

（三）颇具希望的颜色

　　绿色是混合色中最独立的颜色，紫色常让人联想到它是由红色和蓝色混合而得到的，但是人们看见绿色几乎不会想到它产生于黄色和蓝色的混合，它是人心理上的原色。绿色是生命的象征色，不同色调的绿色象征着生命的不同时期的状态。其延展象征性词语为转变、镇静、灵气。

　　绿色是生命起点的代表色彩，一个生命的起点除了最初的诞生之际，也是重生的当下，绿色是"重新开始的色彩"，具有阶段性成长的纪念意义。灵动与活力叠加的绿色，为生命附加了未知感与无限可能性的底蕴（图3-7）。

　　绿色也是使人安心的色彩，正确的明度与彩度的调适使用，可以达到放松身心与镇静情绪的效果（图3-8）。

图3-7　象征生命阶段性重生的绿色

图3-8　令人身心放松的绿色

（四）群众偏爱的颜色

与其他颜色相比，蓝色更受人欢迎，它是40％的男性和36％的女性最喜欢的颜色。其延展象征性词语为自由、信任、专业。

50多年前，法国艺术家伊夫·克莱因（Yves Klein）在米兰画展上展出了八幅同样大小、涂满近似靛青色颜料的画板——"克莱因蓝"亮相于世人眼前。从此，这种色彩被正式命名为"国际克莱因蓝"（International Klein Blue，IKB）。克莱因用这个蓝色进行了众多的艺术创作。

克莱因蓝被誉为一种理想之蓝、绝对之蓝，其明净空旷往往使人迷失其中。克莱因曾说："表达这种感觉，不用解释，也无需语言，就能让心灵感知——我相信，这就是引导我画单色画的感觉"（图3-9）。

而蓝色受到如此多的喜爱，其实更多是因为蓝色象征着许多美好的事物与特质（图3-10）。蓝色是喻义忠诚的色彩。身着蓝色也会使人物气质更具有专业性，传达出言行更加可靠的人格氛围，这是蓝色象征意义附加的影响力。如若利用蓝色的这一色彩效应进行假消息的传播宣扬，也会因蓝色本身的真诚含义，加深人物或事件的讽刺性。

图3-9 克莱因蓝的应用

图3-10　西方传统婚礼中的蓝色

（五）内含丰富的颜色

紫色是一种代表混合情感的色彩。传统的紫色群众接受度较低，紫色象征着小众与独特。其延展象征性词语为创造、虔诚、先锋。紫色是自然界少有的、神秘的色彩，紫色由红、蓝两色混合而成——红蓝相融是中西文化的会通。

清华大学的校花是紫荆花。据清华史料记载，1914年，闻一多先生所在的班级演了戏剧《紫荆魂》，这是将紫荆花定为清华大学校花的来源之一。从紫荆花生物特性上来看，它具有"敢为天下先"的品格，紫荆花在清华大学校庆日前后盛开，它开花时，北京大地还是一片枯黄。"敢为天下先"便是紫色象征的含义之一，紫色是相较于其他颜色更难以驾驭的色彩。清华大学使用紫色这一视觉传达决策，便是一种先锋性的表态（图3-11）。

图3-11　清华大学校徽

在中国历史长河中，紫色常被人们认为富有帝王之气。古人将星空分为"三垣"，即紫微垣、太微垣和天市垣。紫微垣又名"中宫""紫宫"，居于中央，被认为是天帝的居所。皇宫更是权力与富贵的象征，所以帝王的宫殿也被称为"紫禁城"。

在中国，紫色尊贵的地位，更多是源于道家与道教。老子在过函谷关之前，尹喜夜观天象，看见空中有紫气自东而来，便认为有圣人过关，果然老子乘着青牛来到函谷关，并留下了旷世奇作《道德经》。因此，紫色便有了圣人之气。在古代文学作品中，"紫气东来"四个字也屡屡出现。《封神演义》曰："紫气东来三万里，函关初度五千年。"明代冯惟健的诗歌曰："烨烨瑶芝玉洞开，冥冥紫气自东来。"紫色，这种浪漫神秘的颜色，与神话、帝王、圣人有着十分密切的关系。延伸至今，紫色便被赋予极具艺术文化的创造性的含义。在西方国家，紫色是神学的传统色彩，代表忏悔与思索。紫色与宗教、信仰密切相连。

紫色是神秘而复杂的色彩，结合了积极与消极的感觉，之所以难以驾驭，也主要因为在象征意义中极具对立的含义，在运用时也需谨慎地调适它的色调氛围。

（六）极具性别符号的颜色

粉是红和白的结合，是最柔软的色彩。其延展象征性词语为娇柔、短暂、包容。

男蓝女粉，是社会对于性别色彩的刻板印象。有学者研究，女性对于粉红色偏爱是非常明显的。英国神经学家安雅·赫伯特（Anya Hurlbert）曾多次实验，女性对分布在黄色和绿色区域的选择非常少，而对紫色到红色的区域选择最多。但其实在社会中，"男蓝"和"女粉"的对比程度是不对等的。粉红色与女性的关联性，远大于蓝色与男性的关联性，也就是粉色是具有女性氛围的，相对来说蓝色没有跟男性氛围所捆绑，而是比较偏中性的色调。

20世纪以前的西方，当时红色是君王使用的颜色，代表权力与刚强，粉红色为比较淡的红色，自然而然就被视为适合男童的颜色。在第二次世界大战后的市场作用下，服装制造商抓住人们对于"性别认同"的需求，将蓝色与男孩建立联结，粉红色与女孩建立联结，以提供父母一个安心的选择标准。直至今日，儿童商品的用色大都基于此。

另有理论研究者提出，男女选择颜色的偏好与人类演化有关，他们猜测当中的差异是受男女在演化过程中，因为劳动分工发展出的性别功能所影响。在较长的狩猎采集时期，女性负责采摘，而男性则负责狩猎。因此，女性更需要色彩视觉的支持来识别果实的成熟程度。

直至近年，不同于20世纪60年代"唱反调"的做法，由于性别平等以及性别刻板印象等议题受到重视，出现颜色去性别化的呼声，人们开始将颜色的喜好视为个人的选择，脱离其与性别产生的联结（图3-12）。

图3-12 从"二战"后的"性别认同"需求到"唱反调"再到如今的跨性别着色

　　而"跨性别着色"也是当下时代流行色运用的三大趋势之一（三大趋势：跨季节着色、跨性别着色、跨领域着色）。

　　流行趋势分长、中、短周期。粉色则属于"短周期"的流行特性中常出现的色彩。"Y2K"（Year-2kilo：复古向未来致敬，它的巅峰时期是20世纪90年代初到21世纪初的潮流文化，围绕金属、科技、透明、PVC、果冻为核心的风格）这一短趋势的代表色彩便是粉色。这里的粉色强调科技感和未来感，大部分的Y2K美学都依靠技术的使用和光滑的未来主义外观，再加上迷幻感、立体感，以符合千禧年审美的鲜艳颜色来诠释（图3-13）。

　　关于粉色的争议性的运用有个趣味性的案例。亚历山大・绍斯（Alexander Schauss）在20世纪70年代末进行了一系列实验，以此来证明颜色对人类行为的影响。在他的一项有争议的研究中，让男性接受力量测试，用力的同时眼睛看着一张粉红色的海报。接着又用蓝色来重复这项实验，但是实验的结果却是大不相同的。当看着粉红的海报时，实验对象们开始变得无精打采，比之前更娇柔，当看着蓝色海报时，实验对象的力量更大。

　　亚历山大・绍斯的研究说服了海军军官吉恩・贝克（Gene Baker）和罗恩・米勒（Ron Miller），根据实验效果，他们把海军基地的囚室漆成了亮粉色。据报道，囚犯的行为发生了显著的变化，显然他们都不那么具有攻击性了，于是这种颜色也被称为"贝克・米勒粉红色"，并在整个20世纪80年代被很多监狱使用（图3-14）。

图3-13 Y2K视觉表现

图3-14 贝克·米勒粉红色

（七）强势的颜色

相较于其他的色彩表现，黑色的彩色"显色性"极弱，纯黑色的"显色性"为零。黑色是带有侵略性的色彩。其延展象征性词语为强势、隔绝、永恒。

黑色是绝对力量与强大权力的象征，中国历史上第一位皇帝秦始皇嬴政，便选择穿黑色的龙袍（图3-15）。

随着运动行业和科学技术的不断发展，色彩在运动行业的应用越来越受关注。黑色是另一种与胜利相关的颜色，但它是一把双刃剑。黑色的低明度特质，使黑色服装显示出更

图3-15 秦始皇统治时期

强烈的"重量感",更凸显攻击性。在戏剧性的故事中也多将反派配置以黑色着装来显示其"蛮横"与"强势"的形象。由此可见,黑色的队服更能体现气势与实力双双碾压的色彩意向(图3-16)。

图3-16　身着黑色队服的球员

因黑色的"绝对强势"的含义,以及它区别于其他色彩的"隔绝性",欲为高调凸显品牌调性的奢侈品极爱使用黑色。

黑色在时尚界,也是品牌强调"永存"的风格的代表色。

卡尔·拉格斐(Karl Lagerfeld)——时装界的老佛爷,他的造型是非常有个人风格的。又高又硬挺的白领子下面是黑色窄身西装,露指手套突出手指间几枚闪亮的戒指,常年戴上的黑色墨镜把银色的马尾衬托得更加明显。在拉格斐位于法国巴黎的公寓里,衣橱里的某个抽屉一拉开就能看见一排硬挺的白领子。白领子是他对自己复古摩登美学的坚持。手套把常年进行裁缝作业的手保护起来,也让他手臂看起来更修长(对法国人来说,修长的手臂是权力的象征)。之所以极少脱下黑色墨镜,他是这么说的:"我是一个喜欢观察别人、却不喜欢被观察的人。"这里的黑色是拉格斐的保护色(图3-17)。

图3-17　卡尔·拉格斐

色彩的象征意义不等同于色彩视觉直接传达的意义，它更多是基于对各个文化的历史、社会现象、学科等综合的感知下，某一个或多个纬度的延展意义的探究与总结。色彩的象征意义的思索与运用会在用色彩讲故事的工作中起到极大的情绪渲染以及意义升华的关键作用。色彩是一门横跨多项学科与领域的特殊知识体系。

二、色彩三要素的心理影响

为什么不同的色彩会给人带来不同的感受？

色彩感知形成的过程是当色彩在视网膜上产生刺激后，光的信息传入大脑，大脑通过对信息的处理，让人与以往的经验产生联系，从而产生情感、心理、情绪等方面的感知，而这种感知属于感知色彩的个体。

色彩的视觉心理感受与人的认知紧密相关，也与观察者所处的社会环境、个体个性有关。因此，色彩观察者的心理品质不同，对色彩的情感反应也不同。因为色彩心理学的复杂性，本书在这里将会从大多数人的共识角度来进行探讨。

（一）色彩的冷暖

色相作为色彩三要素之一，可以初步判断色彩的"样貌"，其中一个重要的内容便是色彩的"冷暖"。颜色冷暖是靠颜色的"含黄度"与"含蓝度"决定的，可以简单理解为颜色偏黄或是偏蓝。

冷暖原本是人体皮肤对外界温度高低的感觉，色彩本身并无冷暖的温度差，是视觉引起人们对冷暖感觉的心理变化。有实验表明，冷色和暖色的心理温度差相差3℃，了解色彩的这一特性，就可以很好地通过改变颜色来调节人们的心理温度。

色彩能够引起人对冷暖感觉的感知联想，比如红、橙、黄是暖感，因为能够使人联想到火焰、太阳、热血；青、蓝是冷感，使人联想到水、冰、天空。但要注意的是，色彩的冷暖是有相对性的（图3-18）。带有"黄色"基调的色彩，会偏暖调；而带有"蓝色"基调的色彩，则会偏向冷调。一般情况下，在COLORO色相环中（图3-19），越接近正黄色（色相值：040）的色彩为暖基调色彩，越接近正蓝色（色相值：120）的色彩为冷基调色彩。

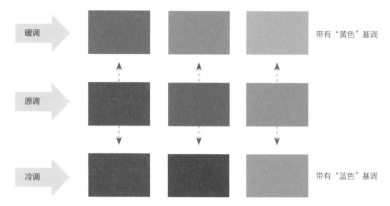

图3-18 红、蓝、黄的原调与冷暖调的对比

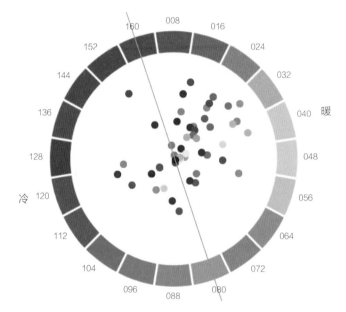

图3-19 COLORO色相环定位图上的冷暖调的界定

在服装配色领域中，皮肤颜色的冷暖是重要的权衡要素。判断皮肤冷暖的机制，与上述内容相似。如果手臂血管为紫色或者蓝色（图3-20左），则为冷肤色；如果手臂血管为青色、橄榄色，则为暖肤色；手臂血管呈蓝绿色抑或是冷暖颜色都有，那么就是中性肤色。

冷肤色：蓝、紫色调
左：冷肤色

暖肤色：绿、橄榄色调
右：暖肤色

图3-20 判断肤色冷暖的色彩对照

（二）色彩的轻重

明度作为色彩三要素之一，可以判定色彩的明暗程度，这一变量在颜色中对人的内心有着重要的影响。

如图3-21所示有两个行李箱，如果让你选择一个行李箱抬上没有电梯的5楼，你选哪个？因从视觉上看，黑色显得更重，人们会自然地认为白色的箱子更轻一些，而选择白色。

明度影响色彩的重量感，明度越高，视觉效果越轻；明度越低，视觉效果越重。有数据显示，白色与黑色的重量感比例是1∶1.87。换言之，在视觉效果上，这个黑色的箱子看上去像是白色箱子重量的几乎两倍。

图3-21　黑白行李箱轻重对照

同样，由于黑色看起来更重，白色看起来更轻，同样体量的车身，黑色显得抓地更"稳"，白色显得更"飘"（图3-22）。

图3-22　黑白车身轻重对照

无论是在空间中，还是在服装的结构搭配里，明度调节色彩的作用有着举足轻重的心理影响。如图3-23所示白色天花板有轻量感，深色地面有稳重感。这种上轻下重的设计，让人联想起稳定的金字塔结构。明度高在上，明度低在下，是传达稳固、经久不衰的安心感的方法之一。

相反如图3-24所示，深色作为天花板用色而浅色作为地面用色的空间，则传达一种反常规的颠覆感，使用需谨慎。

图3-23　白色天花板与深色地面

图3-24　深色天花板与浅色地面

（三）色彩的静动

色彩三要素中的彩度值的不同，给人以不同活力值的差别感。彩度值越低，色彩的"辨识度"越低，从而传达出一种慢下来的沉静感；而彩度值越高，色彩的"辨识度"越高，更快速地确定这个色彩的色相。当然这种快速，也投射出色彩的"活力值"更高，从而传达出更具动感的氛围（图3-25）。

轻 ——————————————————————→ 重

低彩度

高彩度

图3-25　服装用色的动静对照

　　在流行色发布之际，我们会得到大量的色彩数据，为了快速识别流行色的静动感，辅助我们挑选活力或是安静的色彩。我们可以借助COLORO的九色域工具进行提取。彩度值低于"08"，在人们心理感知中属于安静的色彩，我们可以总结这些框选出的色彩为"沉稳中性色系"（图3-26）。

　　彩度值为08~22的色彩活跃度适中，不会过于沉闷也不过分嘈杂，更为自然，这些中彩度的色彩也可以总结为"自然原始色系"（图3-27）。

　　同样，若需挑选高活跃度的色彩，需要在彩度值大于22的"活力饱满色系"的色彩中提取（图3-28）。

　　本节针对色彩三要素中每个要素对心理的不同影响进行了浅层的探讨。色相的冷暖性、明度的轻重感、彩度的静动感皆是色彩的渲染力的体现。

　　而当我们将三个维度混合在同一场景中进行运用的时候，它们之间的对比度也能对人心造成更为复杂的影响力。下面本书将进入多维的色彩关系，即色调的知识层面中深入探讨色彩的运用技巧。

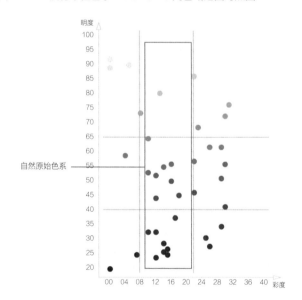

153-19-00	041-28-11	040-66-04	037-93-00	036-89-06	014-73-08
黑色	制服绿	镍色	光学白	未漂原色	黏土粉
coloro	coloro	coloro	coloro	coloro	coloro

图3-26 "沉稳中性色系"COLORO九色域范围对照图

103-60-14	069-43-12	062-57-10	044-62-13	024-61-12	022-62-16
北极蓝	微波绿	玉石色	橄榄油绿	野菌菇	意式黏土色
coloro	coloro	coloro	coloro	coloro	coloro

图3-27 "自然原始色系"COLORO九色域范围对照图

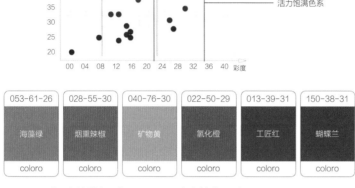

活力饱满色系

053-61-26	028-55-30	040-76-30	022-50-29	013-39-31	150-38-31
海藻绿	烟熏辣椒	矿物黄	氢化橙	工匠红	蝴蝶兰
coloro	coloro	coloro	coloro	coloro	coloro

图3-28 "活力饱满色系" COLORO九色域范围对照图

第四章

色彩风格之调性
分析总结

4

掌握流行色运用的要领之一，是熟练掌握分析与总结色彩风格的技巧。

本章详细介绍了两个重要的色调的总结方式，"莫兰迪色调"的色彩风格从意大利著名画家乔治·莫兰迪的绘画作品中分析总结而得。关于莫兰迪色调的定义，本章有着独树一帜的总结方式，更加细化了莫兰迪色彩风格，这点对于莫兰迪色调混乱运用的市场现象有着参考性的意义。孟菲斯色彩风格不同于莫兰迪色彩风格，前者风格源于孟菲斯设计风格，继而"孟菲斯色调"的总结是选取出某项用于孟菲斯风格设计的系列作品，通过COLORO九色域工具分析总结出相应的色彩关系的方式。

但无论哪一种总结方法，色彩的调性必然是对色彩关系的总结。

一、莫兰迪色彩风格

（一）艺术家介绍

在意大利的著名画家中，被中国艺术爱好者记住的不只有文艺复兴三杰：达·芬奇、米开朗基罗、拉斐尔。在他们之后，还应该有一个名字——乔治·莫兰迪（Giorgio Morandi）。乔治·莫兰迪在艺术史上留下了浓墨重彩的一笔，他对于色彩的驾驭、对于构图的比例设计都有着自己独特的风格，对现代艺术审美具有极大的影响（图4-1）。

图4-1　乔治·莫兰迪

"莫兰迪色系"（图4-2）在服装和室内装修都产生了重要的影响。"如果温柔有颜色，那一定是莫兰迪色"，莫兰迪色是高级温柔色彩的代名词。莫兰迪色不是指某一种颜色，而是一种特定的色彩关系。这一色彩关系的诞生，还要追溯到乔治·莫兰迪作品的创作过程中去。

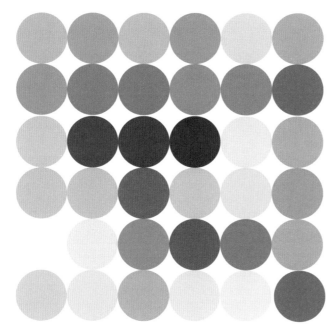

图4-2　莫兰迪色系色彩

（二）莫兰迪画风

乔治·莫兰迪出生于意大利的艾米利亚－罗马涅大区（Emiliq-Romagna）首府城市博洛尼亚（Bologna）（图4-3），他终生几乎没有离开博洛尼亚，他把一生都献给了他挚爱的艺术。莫兰迪是一个画僧，也是一个苦行僧，艺术是他的亲人，他过着简朴的生活，淡泊名利。他的信仰似乎只关乎视觉、关乎绘画，他要画出的是"无关个人生活的好画"。其实这种淡漠的底蕴，已然透露在他的作品的色彩之中。

莫兰迪性格内向、沉静，但绝不是怪人，也并不故步自封。他选择极其有限而简单的生活用具，以杯子、盘子、瓶子、盒子、罐子以及普通的生活场景作为自己的创作对象。把瓶子置入极其单纯的素描之中，以单纯、简洁的方式营造最和谐的气氛，平中见奇，以小见大。通过捕捉这些简单事物的精髓，捕捉那些熟悉的风景，使自己的作品流溢出一种单纯高雅、清新美妙、令人感到亲近的真诚。在立体派和印象派之间，他以形和色的巧妙平衡，找到了自己独特的画风（图4-4）。

图4-3 意大利艾米利亚-罗马涅的首府——博洛尼亚（Bologna）

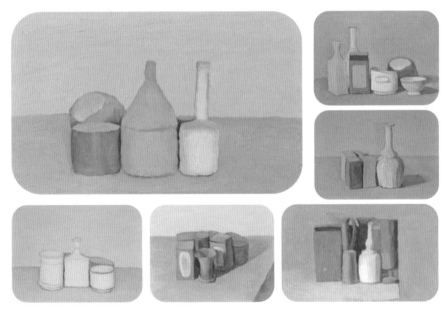

图4-4 乔治·莫兰迪独特的画风作品

而现今所论的"莫兰迪色系"便是从莫兰迪的画风中发展而来的，但这种画风也不是一蹴而就的，纵观1918~1952年莫兰迪的相关作品（图4-5~图4-11）的色彩风格的变化，提取期间作品的关键色，进行色彩三要素的分析（图4-12）。

图4-5 莫兰迪1918年作品

图4-6　莫兰迪1937年作品

图4-7　莫兰迪1939年作品

图 4-8　莫兰迪 1940 年作品

图 4-9　莫兰迪 1946 年作品

图 4-10　莫兰迪 1950 年作品

图4-11 莫兰迪1952年作品

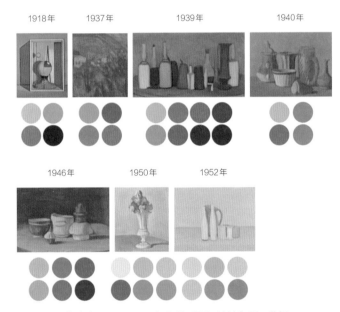

图4-12 莫兰迪1918~1952年作品系列与关键色彩一览图

在画作上以宏观视角可以直观地看出，色彩整体由相对"浓重"逐渐"淡化"。静物之间的边界感逐渐由相对"清晰"变得"模糊"。在时间轴上大致可以细化分为：20S系列（20世纪20年代之前），40S系列（20世纪20~40年代），50S系列（20世纪50年代之后）。而现今（21世纪）盛行的"莫兰迪色系"多为"50S系列的莫兰迪画风"。

针对50S系列讨论，从色彩三要素的微观视角分析，提取20世纪50年代前后的关键色（主色与高识别色）进行九色域定位（图4-13）。1950年之前整体色彩明度中等偏低，色彩分布较为分散，而1950年之后，色彩整体明度中等偏高，且分布相较之前更为紧密。由此可见，"50S系列的莫兰迪画风"成型后，最大的变化是明度增高、色彩对比度减弱两大特征。

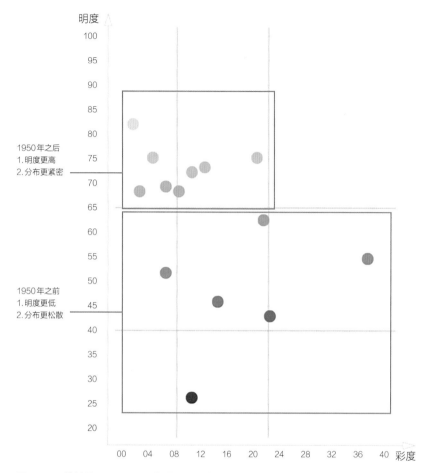

图4-13　莫兰迪1918~1952年作品关键色彩九色域定位图

（三）莫兰迪色调

从上我们得知，"莫兰迪色系"（莫兰迪色彩系列合集）分为三个时期，每个时期皆可单独总结为一个色调，莫兰迪色彩风格由三个主要色调构成。如今我们所用的"莫兰迪色调"多为20世纪50年代的莫兰迪色系（图4-14），大多是从"50年代系列的莫兰迪画风"中总结而得。

在服装领域，当设计师对莫兰迪色彩风格进行借鉴和使用时，需要注意的是，应尽量使用一个色调，这样可维系色彩调性的统一，使色彩视觉效果更加鲜明。

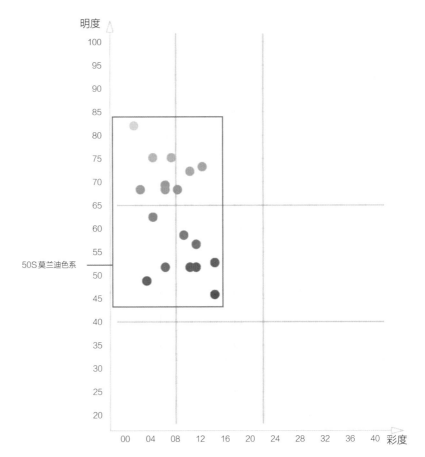

图4-14　莫兰迪20世纪50年代系列作品的关键色九色域定位图

莫兰迪色彩风格可总结为四个特点：开放色相、低彩度色为主、弱明度对比、以第二色域为核心色域。

（四）莫兰迪色调与东方美学

在莫兰迪故居中，被发现藏有七本中国画画册，包括周昉的《簪花仕女图》（图4-15）、范宽的《溪山行旅图》（图4-16）。巴尔蒂斯说："莫兰迪是最接近中国绘画的欧洲画家了，他把笔墨节省到极点。他的绘画别有境界，在观念上同中国艺术一致。他不满足于仅仅表现看到的世界，而是借题发挥，抒发自己的感情！"

聚焦早期莫兰迪的作品（图4-17），其实不难发现，整体的色调与中国宋代时期画作色彩极为相似。他通过作品的累积与自身的感受，沉淀出三种属于莫兰迪的色彩风格，每个阶段都有不一样的色彩表现。

图4-15　周昉作品《簪花仕女图》(局部)

图4-16　范宽作品《溪山行旅图》

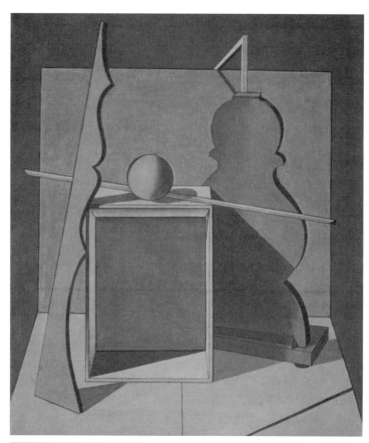

图4-17 莫兰迪早期作品（1918年）

值得一提的是，还有与莫兰迪几乎同龄的中国同时期的画家吴湖帆，江苏苏州人，为吴大澂嗣孙。初名翼燕，字遹骏，后更名万，字东庄，又名倩，别署丑簃，号倩庵，书画署名湖帆。在20世纪30、40年代与吴待秋、吴子深、冯超然并称为"三吴一冯"。

吴湖帆以其雅腴灵秀、清韵缜丽的画风自开面目，称誉画坛。20世纪30、40年代，吴湖帆更以其出神入化、游刃有余的笔下功夫，成为海上画坛的一代宗主。他的"梅景书屋"则为江浙一带影响最大的艺术沙龙，几乎当时著名的书画、词曲、博古、棋弈的时贤雅士都曾出入其中。他的青绿山水画（图4-18），设色堪称一绝，用色清丽，与"20世纪50年代系列的莫兰迪画风"的色系（图4-19）极为相近。

图4-18　吴湖帆作品《云表奇峰》

图4-19　莫兰迪色调色盘

莫兰迪色彩风格通过降低彩度、减少色彩对人的情绪影响，从而使人感到情绪上的冷静、舒缓和平衡，与亚洲文化含蓄、内敛的特质不谋而合，被认为是西方国家最带有东方美学气质的艺术家。

二、孟菲斯色彩风格

（一）孟菲斯设计小组

孟菲斯色彩风格是由一个设计小组的诞生后而在设计实践中逐渐形成的，其中有个关键人物：埃托·索特萨斯（Ettore Sottsass）。

索特萨斯是意大利著名建筑设计师，1917年生于奥地利的因斯布鲁克，1939年取得了都灵理工大学的建筑大学学位，1947年在意大利米兰成立工作室，从事建筑及设计工作。当时，包豪斯风格的现代主义设计在设计界占主导地位。为了能够尽量满足各类消费者的需要，设计师必须将个人风格掩盖起来，将设计变成一项集体活动，变成美学、人体工程学、心理学等科学互相妥协的结晶，这就是理性的"无名性"设计。

1981年索特萨斯与几位同事、朋友及国际名人组成孟菲斯集团，这个集团迅速成为新设计的标志。孟菲斯的目标是发展一组全新的家具、灯具、玻璃器及陶制品，并由米兰的小型手工企业制造。当索特萨斯把一系列用玻璃纤维制成的"家居环境"呈现在人们面前的时候，仿佛那个时代的最奇妙的幻想都变成了这些灯具和柜子。孟菲斯集团在米兰举办了首场作品发布会，索特萨斯带来一个奇怪的书架——塑料贴面、颜色鲜艳、样子像极了一个机器人，其拼贴组合的造型几乎没有可以放置东西的空间。其他人带来的作品也多是天真滑稽的怪诞家具。这场展示在当时可谓惊世骇俗，但却受到了包括《多姆斯》（Domus）在内的主流意大利设计杂志的热烈追捧。

"孟菲斯"是20世纪70年代意大利激进设计或反设计的终曲，其影响是打破了机能主义"形象机能"的设计教条，使其他相异的观点从此可以为人所接受。这是一个以明亮色彩的后现代家具、照明和陶瓷出名的米兰的设计小组。它设计了包含玻璃作品、大型的塑料、铝和热带木材制成的雕塑状的柜子。"孟菲斯"迅速成为激进设计的标志（图4-20）。

核心人物：索特萨斯

图4-20　孟菲斯设计小组成员

（二）孟菲斯设计风格

　　孟菲斯设计风格为后现代主义设计潮流的代表之一。孟菲斯设计风格反对单调冷峻的现代主义，这个重视视觉感受大于理性的风格，打造除功能存在外能够与环境并存的具有审美意义的准艺术品框架，意在传播更多纯艺术特征和象征意义的设计。在色彩上往往青睐于故意打破配色规律用明快、风趣、对比度高的明亮色调彰显它"颠覆性"的设计（图4-21）。

图4-21　孟菲斯设计风格系列

　　孟菲斯没有发表主张宣言，因为他们反对任何限制设计思维的固有观念，将大众原本视为错误的观点放入设计中，并将其塑造为一个"无法无天"的运动，为的是庆祝这个不受拘束的创意探索。这个运动影响非常大，对于全球的后千禧年设计师来说，孟菲斯设计风格是他们灵感的主要来源（图4-22~图4-25）。

图4-22　孟菲斯风格服装设计运用案例

图4-23　孟菲斯风格产品设计运用案例

平面设计
Graphic Design

图4-24　孟菲斯风格平面设计运用案例

室内设计
interior design

图4-25　孟菲斯风格室内设计运用案例

（三）孟菲斯艺术溢价

音乐及演艺界潮流偶像大卫·鲍伊（David Bowie）（图4-26）在过去近五十年来蜚声国际，享负盛名。然而，他更是一位深藏不露的艺术收藏家。2016年11月10日、11日，英国伦敦苏富比"鲍伊/收藏家拍卖会"上，展出了大卫·鲍伊约400件私人收藏珍品，涵盖逾200件大师杰作。

以好奇巧思著称的鲍伊对意大利设计奇才埃托·索特萨斯及孟菲斯派的作品深感兴趣。埃托·索特萨斯与孟菲斯派的作品大约占据其中四分之一。大卫·鲍伊从20世纪90年代开始收藏孟菲斯派的作品。在他的藏品中，不乏孟菲斯派的标志性作品，包括1981年设计的"卡萨布兰卡地柜"——孟菲斯派1981年的首个创作系列，被誉为后现代设计的奠基之作；1981年设计的"卡尔顿房间隔屏"以及"阿育王台灯"。它们都出自孟菲斯派早期作品系列，世界上最古老的拍卖行苏富比（Sotheby's）二十世纪设计部联席主管塞西尔·维迪尔（Cécile Verdier）表示，对于孟菲斯派来说，"或许也很难找到一个比大卫·鲍伊接受能力更强、更时髦的顾客了"（图4-27~图4-30）。

图4-26　大卫·鲍伊

图4-27　大卫·鲍伊收藏展出

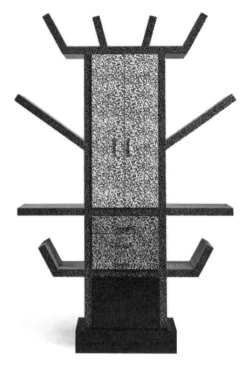

图4-28 "卡萨布兰卡地柜"（埃托·索特萨斯设计作品）

图4-29 "卡尔顿房间隔屏"

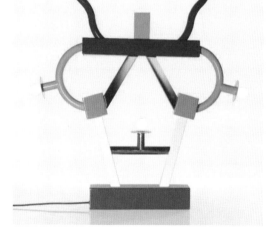

图4-30 "阿育王台灯"

　　这并不是孟菲斯派作品首次出现在拍卖中。老佛爷卡尔·拉格斐（Karl Lagerfeld）在20世纪80年代初几乎完整收藏了孟菲斯派重要作品，这些收藏在1991年巴黎苏富比举办的拍卖中全部高价售出（图4-31）。

　　孟菲斯的艺术品之所以被多位有时尚影响力的公众人物收藏，除了它的颠覆性的思想价值之外，更是因为它所传达的强烈的视觉冲击性的色彩风格。

图4-31　卡尔·拉格斐与孟菲斯派家具

（四）孟菲斯色调

　　孟菲斯色彩风格可总结为：色相分散；以中、高明度与中、高彩度色彩为主；强彩度对比，强明度对比；色域主要布局在第七、第八色域。

　　孟菲斯色彩风格用色多集中于高彩度色域，且多运用强对比手法，这会使得长时间观看下的视感神经疲劳。所以说孟菲斯的风格多用于"装饰性"较强的用色需求之中，孟菲斯色彩风格的"装饰性大于实用性"。

　　孟菲斯风格关键词为有趣装饰、形式怪诞、趣味天真。宣扬了一种敢于想象、推翻打破常规与原则、改变历史潮流、乐观又无所畏惧的态度，对世界范围内的设计界产生了广泛而深远的影响。

第五章

色彩搭配之经典
方法要领

要掌握流行色运用的创新性，须掌握色彩搭配的经典方法论与要领。本章将色彩搭配的"语法""语言"在色彩调和的"语境"中通过案例图解、数据表格等方式清晰化解释。旨在流行色运用中统一色彩语言，在色彩工作中建立高效的术语交流环境，同时让读者掌握重要的配色方法要领。

一、色彩的语法

（一）色相关系

色相作为色彩三要素之一，色相值是观察颜色样貌的数据标准。色相之间的关系存在以下几种情况：色相弱对比、色相中对比、色相强对比。色相关系的判断在日常生活中人们通常会以感性的方式进行初判，往往会存在因不同观察者抑或是不同环境的影响而有所出入。在配色工作中需要严谨的色彩观察、对比工具，COLORO色相环工具通常可以用来直观对比，观察出色彩的色相关系。

如图5-1所示，提取两个服装主色，将颜色在色相环中进行定位对比，可以得出两个主色色相值在136与040左右，两个色彩的夹角较大，色相关系为色相强对比。

同样如图5-2所示，可以得出两个主色色相值在152与040左右，两个色彩的夹角近乎为90°，色相关系为色相中对比。

在图5-3中两个主色色相值在136与120左右，两个色彩的夹角较小，色相关系为色相弱对比。

如图5-4所示，以色相值008（正红色相）为例（COLORO七位数编码前三位数000-00-00），可以对照COLORO色相环的色相坐标进行分析：紫红色（色相值在152~160）与橙红色（色相值在016~024）为正红色的邻色相，正红色相与两边都是色相弱对比的色相关系。

色彩的色相关系精确总结如图5-5所示。

①同色相：当色彩的色相差值（COLORO色相值区间001~160）小于4，则为同色相色彩。

②色相弱对比：当色相夹角小于90°为色相弱对比色彩。

③色相中对比：当色相夹角接近90°为色相中对比色彩。

④色相强对比：当色相夹角大于90°为色相强对比色彩。

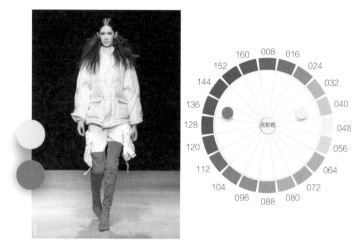

图5-1　色相强对比

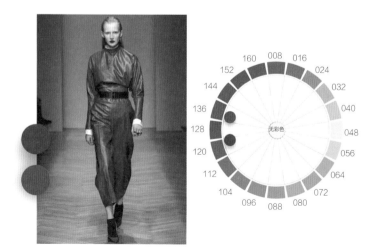

图5-2　色相中对比

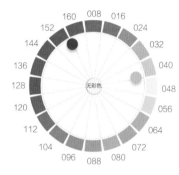

图5-3　色相弱对比

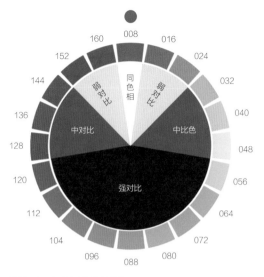

图5-4　色相对比程度图

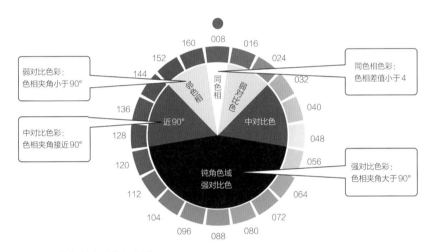

图5-5　色相精确对比程度图

（二）明度关系

首先要明确的是明度（COLORO七位数编码中间两位数000-00-00）的三个层级（图5-6）：明度值低于（或等于）40为低明度色彩，明度值大于（或等于）40、小于65为中明度色彩，明度值大于（或等于）65为高明度色彩。

色彩的明度关系分为三个对比程度：明度弱对比（图5-7）、明度中对比（图5-8）、明度强对比（图5-9）。

高明度色(明度>65)	浅淡亮轻
中明度色(40<明度≤65)	稳定自然
低明度色(明度≤40)	深暗重沉

图5-6　明度三个层级数值区间及效果

图5-7　明度弱对比

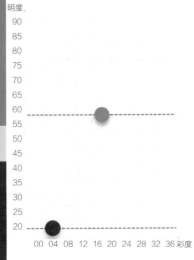

图5-8　明度中对比

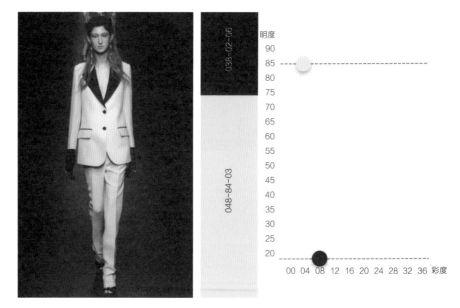

图5-9 明度强对比

明度三个对比度的精确对比程度总结如下（图5-10）：

①明度弱对比：明度差值在15以内为明度弱对比色彩；

②明度中对比：明度差值大于（或等于）15、小于45为明度中对比色彩；

③明度强对比：明度差值大于（或等于）45为明度强对比色彩。

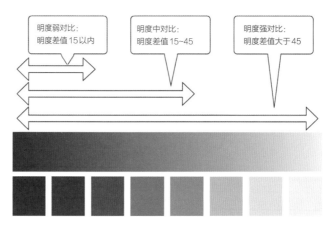

图5-10 明度精确对比程度图

不同的明度对比会营造不一样的色彩感觉，如图5-11所示。以红色方框选定的颜色为基准，三个红色标记的色彩分别在高明度色域、中明度色域、低明度色域。红点标记的三个色彩分别与之形成了三个不同的明度对比效果：

①柔和平稳（明度弱对比）。

②轻快自然（明度中对比）。

③强烈醒目（明度强对比）。

明度对比效果

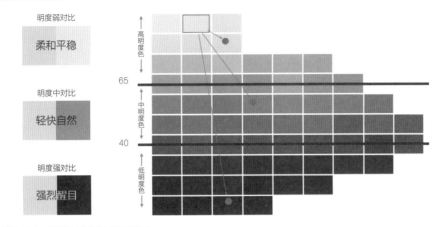

图5-11　明度三个对比层级效果

（三）彩度关系

　　与明度相似，彩度（COLORO七位数编码最后两位数000-00-00）也分为三个层级（图5-12）：彩度值小于（或等于）08为低彩度色彩，彩度值大于08、小于（或等于）22为中彩度色彩，彩度值大于22为高彩度色彩。

　　色彩的彩度关系分为三个对比程度：彩度弱对比（图5-13）、彩度中对比（图5-14）、彩度强对比（图5-15）。

　　彩度三个对比度的精确对比程度总结如下（图5-16）：

　　①彩度弱对比：彩度差值在10以内为彩度弱对比色彩。

　　②彩度中对比：彩度差值大于（或等于）10、小于15为彩度中对比色彩。

　　③彩度强对比：彩度差值大于（或等于）15为彩度强对比色彩。

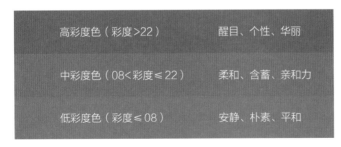

高彩度色（彩度>22）	醒目、个性、华丽
中彩度色（08<彩度≤22）	柔和、含蓄、亲和力
低彩度色（彩度≤08）	安静、朴素、平和

图5-12　彩度三个层级数值区间及效果

图5-13 彩度弱对比

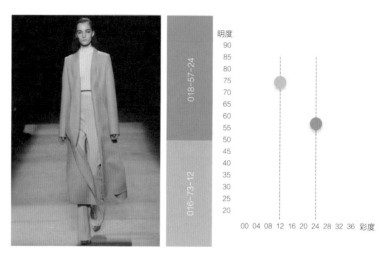

图5-14 彩度中对比

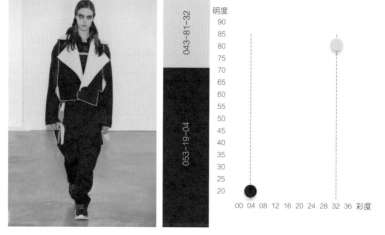

图5-15 彩度强对比

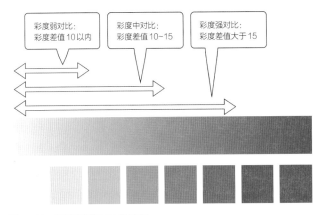

图5-16　彩度精确对比程度图

不同的彩度对比会营造出不一样的色彩感觉，以图5-17中红色方框选定的颜色为基准，三个红色标记的色彩分别在低彩度色域、中彩度色域、高彩度色域。红点标记的三个色彩分别与之形成了三个不同的彩度对比效果：

①柔和朴素（彩度弱对比）。

②温和舒适（彩度中对比）。

③刺激炫目（彩度强对比）。

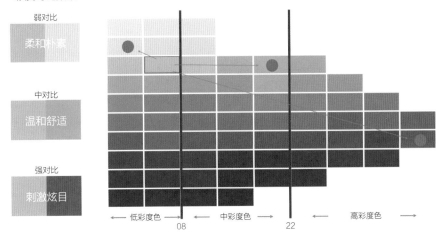

图5-17　彩度三个对比层级效果

（四）色彩九大调

在色彩的语法中，除了明确简单的色相关系、明度关系、彩度关系之外，在明度与彩度中存在着进阶的"明度九大调"与"彩度九大调"的色彩语法，我们称其为"色彩九大调"。

1. 明度九大调

（1）高长调

大面积色彩使用高明度，整体呈现高明度基调，其中核心色彩明度呈现强对比画面，配色手法为明度强对比，这样的配色方案，我们统称为"高长调的配色"，为明度九大调之一。我们会在高长调的配色方法中使用明快、醒目、强烈等色彩语言来描绘该配色效果，而高长调也成为一种色彩语法来概述这样的配色效果。图5-18所示的六组配色皆为高长调。

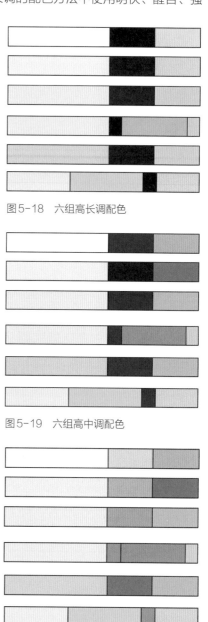

图5-18　六组高长调配色

（2）高中调

大面积色彩使用高明度，整体呈现高明度基调，其中核心色彩明度呈现中对比画面，配色手法为明度中对比，这样的配色方案，我们统称为"高中调的配色"，为明度九大调之一。我们会在高中调的配色方法中使用明亮、清晰、明确等色彩语言来描绘该配色效果，而高中调也成为一种色彩语法来概述这样的配色效果。图5-19所示六组配色皆为高中调。

图5-19　六组高中调配色

（3）高短调

大面积色彩使用高明度，整体呈现高明度基调，其中核心色彩明度呈现弱对比画面，配色手法为明度弱对比，这样的配色方案，我们统称为"高短调的配色"，为明度九大调之一。我们会在高短调的配色方法中使用明亮、轻柔、优雅等色彩语言来描绘该配色效果，而高短调也成为一种色彩语法来概述这样的配色效果。图5-20所示六组配色皆为高短调。

图5-20　六组高短调配色

（4）中长调

大面积色彩使用中明度，整体呈现中明度基调，其中核心色彩明度呈现强对比画面，配色手法为明度强对比，这样的配色方案，我们统称为"中长调的配色"，为明度九大调之一。我们会在中长调的配色方法中使用稳健、沉着等色彩语言来描绘该配色效果，而中长调也成为一种色彩语法来概述这样的配色效果。图5-21所示六组配色皆为中长调。

（5）中中调

　　大面积色彩使用中明度，整体呈现中明度基调，其中核心色彩明度呈现中对比画面，配色手法为明度中对比，这样的配色方案，我们统称为"中中调的配色"，为明度九大调之一。我们会在中中调的配色方法中使用稳定、饱满等色彩语言来描绘该配色效果，而中中调也成为一种色彩语法来概述这样的配色效果。图5-22所示六组配色皆为中中调。

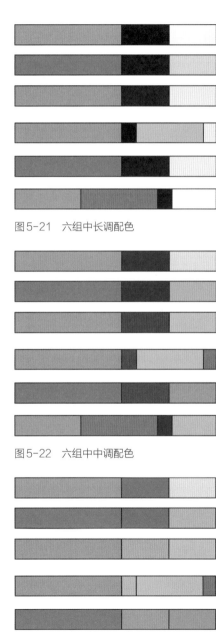

图5-21　六组中长调配色

图5-22　六组中中调配色

图5-23　六组中短调配色

（6）中短调

　　大面积色彩使用中明度，整体呈现中明度基调，其中核心色彩明度呈现弱对比画面，配色手法为明度弱对比，这样的配色方案，我们统称为"中短调的配色"，为明度九大调之一。我们会在中短调的配色方法中使用平淡、含蓄、模糊等色彩语言来描绘该配色效果，而中短调也成为一种色彩语法来概述这样的配色效果。图5-23所示六组配色皆为中短调。

　　在明度九大调的语法中强调的是色彩明度对比关系，即呈现出明度对比情况，而非色彩的种类丰富程度即色相的多少，强调的是明度断层感，是相对割裂、有序抑或是模糊。其在语法上是相对严谨的，但在色彩语言中可以延展出更感性的描绘。例如，明度中短调相对柔和，从而更多可以传达女性化的含蓄与柔美，而明度中长调则可传达男性化的稳健与果敢（图5-24）。

图5-24 明度中短调与明度中长调应用效果对比

（7）低长调

大面积色彩使用低明度，整体呈现低明度基调，其中核心色彩明度呈现强对比画面，配色手法为明度强对比，这样的配色方案，我们统称为"低长调的配色"，为明度九大调之一。我们会在低长调的配色方法中使用强硬、深沉等色彩语言来描绘该配色效果，而低长调也成为一种色彩语法来概述这样的配色效果。图5-25所示六组配色皆为低长调。

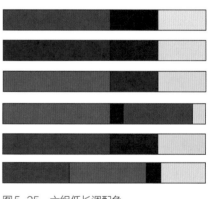

图5-25 六组低长调配色

（8）低中调

大面积色彩使用低明度，整体呈现低明度基调，其中核心色彩明度呈现中对比画面，配色手法为明度中对比，这样的配色方案，我们统称为"低中调的配色"，为明度九大调之一。我们会在低中调的配色方法中使用厚重、朴素等色彩语言来描绘该配色效果，而低中调也成为一种色彩语法来概述这样的配色效果。图5-26所示六组配色皆为低中调。

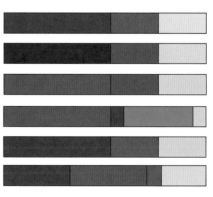

图5-26 六组低中调配色

（9）低短调

大面积色彩使用低明度，整体呈现低明度基调，其中核心色彩明度呈现弱对比画面，配色手法为明度弱对比，这样的配色方案，我们统称为"低短调的配色"，为明度九大调之一。我们会在低短调的配色方法中使用沉重、幽暗等色彩语言来描绘该配色效果，而低短调也成为一种色彩语法来概述这样的配色效果。图5-27所示六组配色皆为低短调。

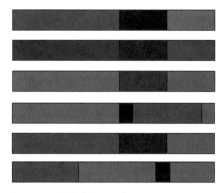

图5-27　六组低短调配色

2. 彩度九大调

明度的语言语法与彩度的语言语法有异曲同工之处，彩度的语法与明度的语法在称呼上为了做到区分会有一定变化。明度九大调的基调词为"长、中、短"，而彩度九大调的基调词为"鲜、中、灰"；明度九大调的明度对比词为"长、中、短"，而彩度九大调的彩度对比词为"强、中、弱"。其中对于"中中调"的相同称呼的不同指向要在具体方案中进行区分。

（1）鲜强调

大面积色彩使用高彩度，整体呈现高彩度基调，其中核心色彩彩度呈现强对比画面，配色手法为彩度强对比，这样的配色方案，我们统称为"鲜强调的配色"，为彩度九大调之一。我们会在鲜强调的配色方法中使用鲜明、刺激、强烈等色彩语言来描绘该配色效果，而鲜强调也成为一种色彩语法来概述这样的配色效果。图5-28所示六组配色皆为鲜强调。

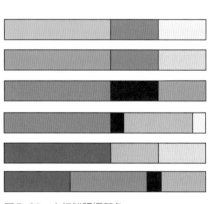

图5-28　六组鲜强调配色

（2）鲜中调

大面积色彩使用高彩度，整体呈现高彩度基调，其中核心色彩彩度呈现中对比画面，配色手法为彩度中对比，这样的配色方案，我们统称为"鲜中调的配色"，为彩度九大调之一。我们会在鲜中调的配色方法中使用生动、活泼等色彩语

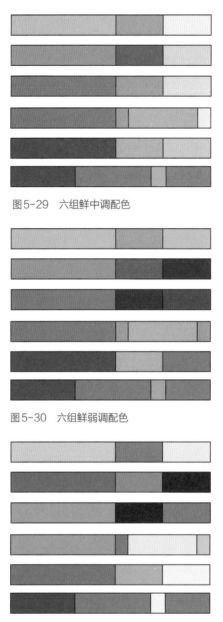

图5-29　六组鲜中调配色

图5-30　六组鲜弱调配色

图5-31　六组中强调配色

言来描绘该配色效果，而鲜中调也成为一种色彩语法来概述这样的配色效果。图5-29所示六组配色皆为鲜中调。

（3）鲜弱调

大面积色彩使用高彩度，整体呈现高彩度基调，其中核心色彩彩度呈现弱对比画面，配色手法为彩度弱对比，这样的配色方案，我们统称为"鲜弱调的配色"，为彩度九大调之一。我们会在鲜弱调的配色方法中使用鲜艳、华丽等色彩语言来描绘该配色效果，而鲜弱调也成为一种色彩语法来概述这样的配色效果。图5-30所示六组配色皆为鲜弱调。

（4）中强调

大面积色彩使用中彩度，整体呈现中彩度基调，其中核心色彩彩度呈现强对比画面，配色手法为彩度强对比，这样的配色方案，我们统称为"中强调的配色"，为彩度九大调之一。我们会在中强调的配色方法中使用大众化、鲜明等色彩语言来描绘该配色效果，而中强调也成为一种色彩语法来概述这样的配色效果。图5-31所示六组配色皆为中强调。

（5）中中调

大面积色彩使用中彩度，整体呈现中彩度基调，其中核心色彩彩度呈现中对比画面，配色手法为彩度中对比，这样的配色方案，我们统称为"中中调的配色"，为彩度九大调之一。我们会在中中调的配色方法中使用温和、自然等色彩语言来描绘该配色效果，而中中调也成为一种色彩语法来概述这样的配色效果。图5-32所示六组配色皆为中中调。

（6）中弱调

大面积色彩使用中彩度，整体呈现中彩度基调，其中核心色彩彩度呈现弱对比画面，配色手法为彩度弱对比，这样的配色方案，我们统称为"中弱调的配色"，为彩度九大调之一。我们会在中弱调的配色方法中使用单调、平缓等色彩语言来描绘该配色效果，而中弱调也成为一种色彩语法来概述这样的配色效果。图5-33所示六组配色皆为中弱调。

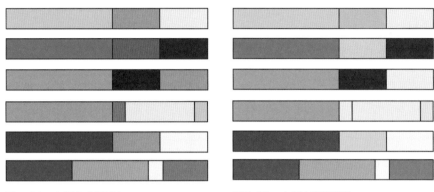

图5-32　六组中中调配色　　　　图5-33　六组中弱调配色

（7）灰强调

　　大面积色彩使用低彩度，整体呈现低彩度基调，其中核心色彩彩度呈现强对比画面，配色手法为彩度强对比，这样的配色方案，我们统称为"灰强调的配色"，为彩度九大调之一。我们会在灰强调的配色方法中使用高雅、大方等色彩语言来描绘该配色效果，而灰强调也成为一种色彩语法来概述这样的配色效果。图5-34所示六组配色皆为灰强调。

（8）灰中调

　　大面积色彩使用低彩度，整体呈现低彩度基调，其中核心色彩彩度呈现中对比画面，配色手法为彩度中对比，这样的配色方案，我们统称为"灰中调的配色"，为彩度九大调之一。我们会在灰中调的配色方法中使用沉静、素雅等色彩语言来描绘该配色效果，而灰中调也成为一种色彩语法来概述这样的配色效果。图5-35所示六组配色皆为灰中调。

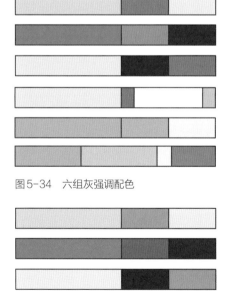

图5-34　六组灰强调配色

图5-35　六组灰中调配色

（9）灰弱调

大面积色彩使用低彩度，整体呈现低彩度基调，其中核心色彩彩度呈现弱对比画面，配色手法为彩度弱对比，这样的配色方案，我们统称为"灰弱调的配色"，为彩度九大调之一。我们会在灰弱调的配色方法中使用含蓄、朦胧等色彩语言来描绘该配色效果，而灰弱调也成为一种色彩语法来概述这样的配色效果。图5-36所示六组配色皆为灰弱调。

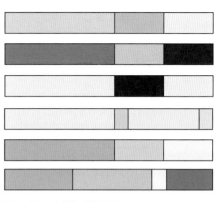

图5-36　六组灰弱调配色

下面我们将以上的明度九大调与彩度九大调的解析综合在表格中，色彩的语言和语法提炼如下（表5-1、表5-2）：

表5-1　明度的语言和语法

语法	对比度	语言
高长调	强	明快、醒目、强烈、积极
高中调	中	明亮、清晰、明确、轻松
高短调	弱	明亮、轻柔、优雅、女性化
中长调	强	层次丰富、稳健、沉着、男性化
中中调	中	朦胧、含蓄、稳定、沉着、饱满
中短调	弱	平淡、含蓄、模糊
低长调	强	强硬、深沉、压抑、爆破感
低中调	中	厚重、沉着、朴素、有力
低短调	弱	沉重、神经、幽暗、模糊

表5-2　彩度的语言和语法

语法	对比度	语言
鲜强调	强	鲜明、活泼、华丽、强烈
鲜中调	中	较刺激、较生动
鲜弱调	弱	鲜艳、强烈、炫目、华丽
中强调	强	大众化、鲜明
中中调	中	温和、舒适、自然

语法	对比度	语言
中弱调	弱	含混、单调、平板
灰强调	强	大方、高雅而朴素、活泼
灰中调	中	沉静、较大方
灰弱调	弱	雅致、细腻、含蓄、朦胧

本部分对于色彩关系的探讨，着重于在每个单独三要素之内分析，然而在色彩搭配的工作中，经常出现综合三要素一起的视觉情况。上述内容皆为色彩搭配理论的根基，掌握单个要素内的色彩关系是建立色彩调和的必要知识储备。

二、色彩的调和

（一）色彩调和的原理

如图5-37所示，三组几何图形的排序特征为：高度统一的图形排列虽然高度一致，相当遵循秩序，但却显得乏味单调；而完全脱离秩序的图形，因为杂乱无章，也会有失美感；当图形的排列讲究"求同存异"的章法时，显得更有节奏感。

色彩调和的原理便是使调和的色彩符合人的视觉平衡需求，既不过分刺激、也不过分平庸，是颜色在变化与统一中表现出来的和谐、舒适、愉悦的色彩效果。在变化中求统一、统一中求变化，是取得色彩和谐美感的关键。调和的色彩是颜色多样性的统一（图5-38）。

高度统一

杂乱无章

有节奏感

图5-37　三组几何图形的排序特征

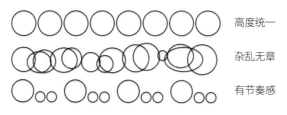

统一 融合	调和	对立 冲突

图5-38　色彩调和的意义

色彩的和谐程度取决于色彩三个要素不同特征的组合形式，即色相、明度、彩度。色彩的共性和差异无非就表现为这三个要素的共性和差异（图5-39）。

图5-39　色彩和谐定义与影响和谐的维度

（二）同色相调和

同色相调和即色相一致（相近）、明度与彩度不同的色彩搭配方式（图5-40、图5-41）。

色相相同、明度和彩度不同：位于COLORO色立体中同一等色面上的颜色，通过明度彩度的差异可构成同色相调和（图5-42、图5-43）。

色相相同、明度彩度不同

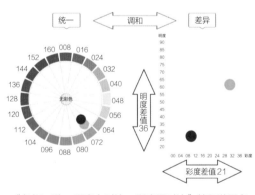

"色相一致、明度中对比、彩度强对比"较和谐配色

图5-40　较为和谐的同色相配色案例

色相相同、明度彩度不同

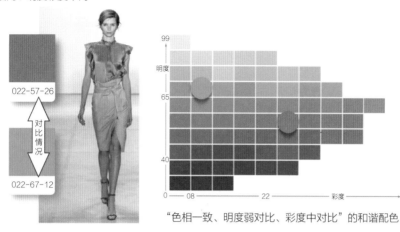

022-57-26

对比情况

022-67-12

"色相一致、明度弱对比、彩度中对比"的和谐配色

图5-41 高度和谐的同色相配色案例

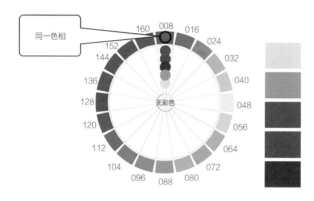

图5-42 008正红色相

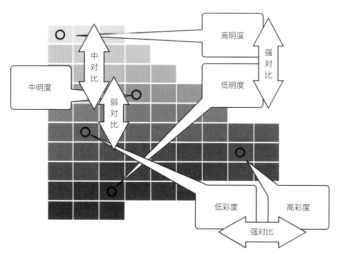

图5-43 008等色相面内明度与彩度调和示意图

（三）同明度调和

同明度调和即明度一致（相近）、色相与彩度不同的色彩搭配方式（图5-44、图5-45）。

明度相同、色相彩度不同

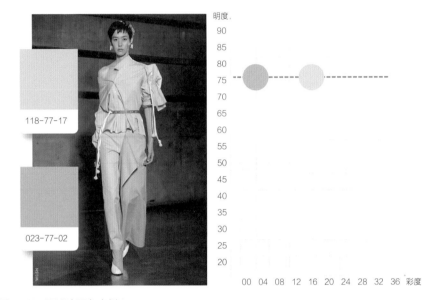

图5-44　同明度配色案例1

明度相同、色相彩度不同

图5-45　同明度配色案例2

明度相同、色相和彩度不同：位于COLORO色立体中垂直于中心轴的横断面上的颜色明度相同，通过调整彩度和色相的差异可构成同明度调和（图5-46）。

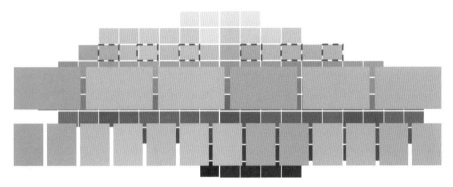

图5-46　COLORO色立体中垂直于中心轴的横断面上的颜色

（四）同彩度调和

同彩度调和即彩度一致（相近）、明度与色相不同的色彩搭配方式（图5-47、图5-48）。

彩度相同、色相明度不同

088-26-15

008-77-15

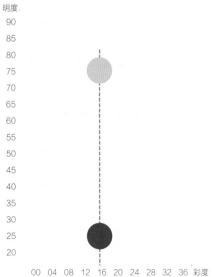

图5-47　同彩度配色案例1

彩度相同、色相明度不同

图5-48　同彩度配色案例2

　　彩度相同、色相和明度不同：位于COLORO色立体中平行于中心轴的竖直线上的颜色，通过明度和色相的差异可构成同彩度调和（图5-49）。

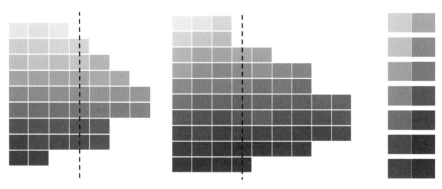

图5-49　COLORO色立体中平行于中心轴的竖直线上的颜色

第六章

服装流行色的分析
与运用解读

本章将通过实际案例分析，结合全色彩篇理论与应用方法，帮助读者掌握服装流行色运用创新的综合方法与技巧。

本章前两节从宏观及微观视角聚焦于2022年秋冬全一季的全球流行色。首先总结整体色彩在服装应用传统习惯上的分类，而后通过COLORO色相环工具以及九色域工具整理出六大色相与五大色调，并在相应的色相、色调内进行配色运用。同时将2022年度色彩"蝴蝶兰"色进行主题配色应用。在最后一节中，列举了多项引领潮流品牌的色彩，并进行分析与解读。对每个品牌采用不一样的角度进行剖析，旨在表明将色彩融入品牌故事的工作中，须有灵活而多维的见解思维。

一、2022年秋冬全球服装流行色趋势

（一）2022年全球宏观背景

受新冠肺炎疫情影响，消费者在2022年春夏更加谨慎购物，家居服和室内装饰也更受关注，人们对能够带来舒适和愉悦感的设计的需求也不断增加。色彩报告便反映了这一点，涵盖了一系列具有广泛吸引力的百搭商业色调。调色板可分为两大基调：一种是强烈的自然色调，另一种则是更加柔和质朴的色彩。

随着2022/2023秋冬的到来，消费者将拥抱正能量与轻奢感，这进一步演化了2022春夏趋势预测中的日常小确幸和感官享受。本季色彩呈现原始浓郁风情，并奠定以乐观基调。消费者的情绪日趋复杂多样，对和谐色的需求仍是主流，同时一批已经适应新环境的消费者迸发出更多对欢乐元素的高需求。可以理解为：2022年，主流色彩是以健康治愈为主，欢乐浪漫为辅的调性。

（二）全球色相趋势演变

图6-1所示的5个色相环定位组合图为2021春夏至2023春夏五个季度的全球色彩色相定位分布图。

在2021年春夏全球50个流行色的色相定位图中，我们可以观察到色彩多覆盖于色相环的右半边，左半边有大量的色相范围是空缺的状态，包括紫红色相、蓝紫色相、紫色相、蓝紫色相。2021年秋冬季度色相环上在紫红色相内出现了零星的色彩，2022年春夏之时，紫红色相、蓝紫色相都出现了一定范围的

扩增。直至2023年春夏季度，整个色相环的色彩表现为相对均匀覆盖在每个色相区域。这是五个季度流行色动态变化的重点之一——色相应用更加丰富。我们可以想象，在2023年春夏季节，服装领域的色彩应用相较于前四个季节将越发绚烂张扬。

在每个季度50个流行色色相定位图中，用扇形图形框选出的区域为稳定覆盖区域。每个季度都有大量色彩覆盖的区域，分别为橙红色相、黄色相。可以得出在2021年春夏季度直至2023年春夏季度，橙红色相与黄色相都会被大量应用，我们称其为最佳长期投资色相。

如图6-2所示为由2021春夏~2023春夏五个季度的全球色彩九色域分布图。九色域纵坐标为明度，横坐标为彩度，便于我们观察色彩的调性分布情况。

全球色相趋势演变

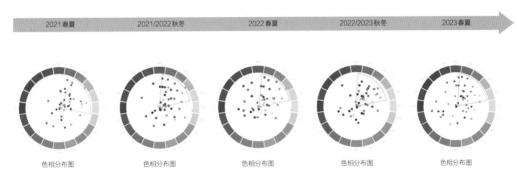

- 近三年色相的使用会更加丰富
- 橙红色相、黄色相为最佳长期投资色相

图6-1　2021春夏~2023春夏全球流行色色相定位演变图

全球色调演变趋势

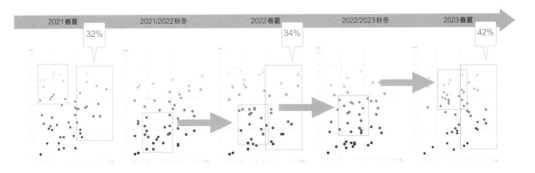

- 春夏季高彩度欢乐用色占比逐渐增高，2023年春夏达到高峰
- 核心色域呈现明度彩度递增趋势，2022年秋冬核心色域为自然原始色系

图6-2　2021春夏~2023春夏全球流行色色调定位演变图

代表欢乐色彩的高彩度色域占比情况为：2021春夏占比为32%，2022春夏有些许涨幅至34%，到了2023春夏高彩色域的占比呈爆炸性增长至42%。

由九色域分布图看出，2021春夏的核心色域为沉静中性色域；为2021/2022秋冬核心色域为基础沉暗色系；至此开始直至2023春夏，全球核心色域的明度值与彩度值双双逐年提高，到了2023春夏核心色域为饱和蜡粉色域（集合了健康治愈的中明中彩色域与浪漫欢乐的高明高彩色域）。

（三）2022/2023秋冬全球流行色（图6-3）

图6-3　2022/2023秋冬全球流行色色彩信息

　　低彩度百搭色可做大面积的主色使用，也可作为调和色使用，平衡整体配色的彩度值（图6-4）。

　　如图6-5所示的5个颜色均为高明低彩的百搭色，包含了冷、中、暖三个调性。同样都可做大面积的主调色使用，也可作为调和色使用，平衡整体配色的彩度。其中光学白＋未漂原色＋燕麦奶色，是一组经典的冷暖调和配色，当配色中出现冷暖不统一时，可以直接选用这三个颜色作为调和色使用。

　　如图6-6所示的5个颜色均为低明度色彩，由于每个颜色的基调非常鲜明且不统一，不建议在同一组配色中同时使用超过两个，建议大面积作为主效果色出现。

如图6-7所示的5个颜色均为中明度中彩度的色彩，有一定的显色效果，但调性中庸，不建议在配色中单独出现，尽量配合低明度高彩度的色彩使用。在作为调和色时，可发挥它们的最佳效果。

前两组百搭色适用范围较为灵活，后两组饱和色在使用时需要有所注意。

图6-4 2022/2023秋冬低彩度百搭色色彩信息

图6-5 2022/2023秋冬低彩度百搭色色彩信息

低明高彩红	低明中彩紫	低明中彩黄	低明中彩绿	低明高彩蓝
011-27-26	152-25-17	048-39-19	090-27-16	122-25-24
血石红 Bloodstone	甜菜根 Beetroot	苔藓绿 Moss	银河绿 Galaetic Teal	青金石蓝 Lazuli Blue
coloro	coloro	coloro	coloro	coloro
暖调	冷调	暖调	冷调	冷调

图6-6 2022/2023秋冬低明度饱和色色彩信息

图6-7　2022/2023秋冬中明度饱和色色彩信息

二、流行色分析与搭配

（一）2022/2023秋冬全球色彩——数据定位

2022/2023秋冬色彩涵盖六大色相：橙黄色相、橙红色相、紫红色相、蓝紫色相、蓝绿色相、黄绿色相（图6-8）。

2022/2023秋冬色彩包含五大色系（色调），颜色占比最高的色系为基础浓郁色系与自然原始色系（图6-9）。

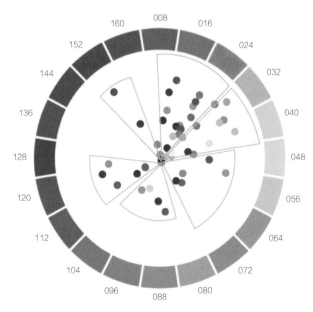

图6-8　2022/2023秋冬全球流行色六大色相

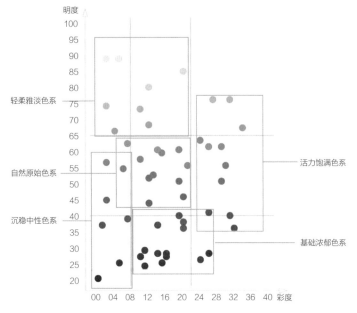

图6-9　2022/2023秋冬全球流行色五大色系

（二）2022/2023秋冬全球色彩——同色相配色

以色相环圆心为定点，画出穿过橙黄色相区域内的射线，每个射线上的色彩为一组"同色相配色"（图6-10、图6-11）。

以此类推，本季度的色彩含六大色相，即可诞生六个系列的同色相配色（图6-12、图6-13）。

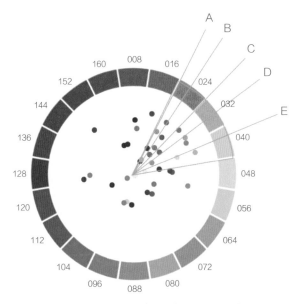

图6-10　COLORO色相环中橙黄色相内同色相色彩A~E组

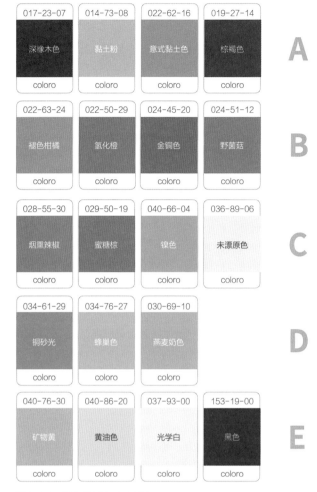

017-23-07	014-73-08	022-62-16	019-27-14	**A**
深橡木色	黏土粉	意式黏土色	棕褐色	
coloro	coloro	coloro	coloro	

022-63-24	022-50-29	024-45-20	024-51-12	**B**
褪色柑橘	氢化橙	金铜色	野菌菇	
coloro	coloro	coloro	coloro	

028-55-30	029-50-19	040-66-04	036-89-06	**C**
烟熏辣椒	蜜糖棕	镍色	未漂原色	
coloro	coloro	coloro	coloro	

034-61-29	034-76-27	030-69-10		**D**
铜砂光	蜂巢色	燕麦奶色		
coloro	coloro	coloro		

040-76-30	040-86-20	037-93-00	153-19-00	**E**
矿物黄	黄油色	光学白	黑色	
coloro	coloro	coloro	coloro	

图6-11 同色相配色A~E组

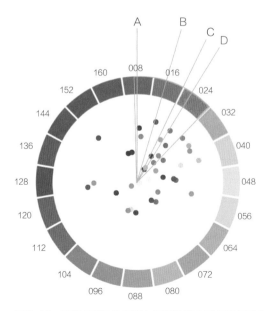

图6-12 COLORO色相环中红橙色相内同色相色彩A~D组

图6-13　同色相配色A～D组

（三）2022/2023秋冬全球色彩—— 同色系三元调和

1. 基础浓郁色系（图6-14）

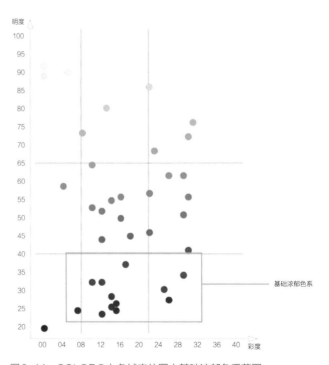

图6-14　COLORO九色域定位图中基础浓郁色系范围

　　基础浓郁色系为在COLORO九色域中总结的低明度，中、高彩度的色彩。色彩信息如图6-15所示。

　　图6-16所示为基础浓郁色系内，三个颜色（即三元素）为一组的四组调和配色方案。

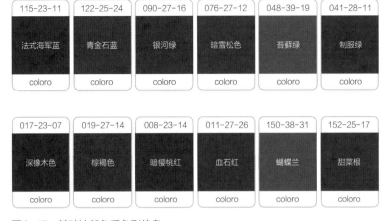

图6-15 基础浓郁色系色彩信息

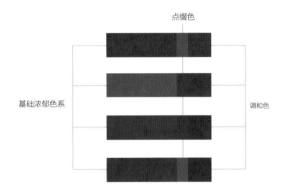

图6-16 基础浓郁色系四组配色

2. 自然原始色系（图6-17）

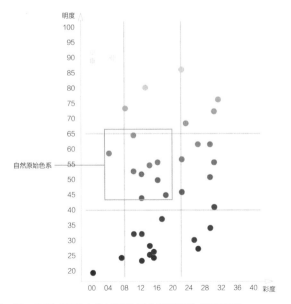

图6-17 COLORO九色域定位图中自然原始色系范围

自然原始色系为在COLORO九色域中总结的中明度，中、低彩度的色彩。色彩信息及配色方案如图6-18、图6-19所示。

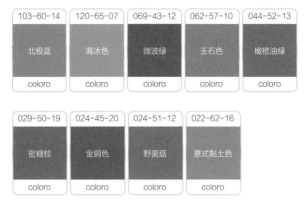

图6-18　自然原始色系色彩信息

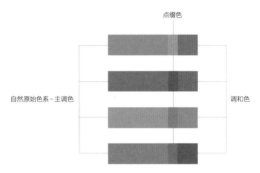

图6-19　自然原始色系四组配色

3. 轻柔淡雅色系（图6-20）

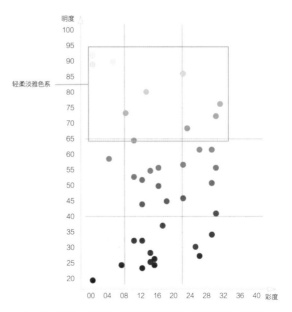

图6-20　COLORO九色域定位图中轻柔淡雅色系范围

轻柔淡雅色系为在COLORO九色域中总结的所有高明度的色彩。色彩信息及配色方案如图6-21、图6-22所示。

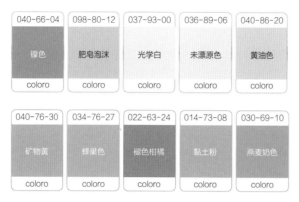

图6-21　轻柔淡雅色系色彩信息

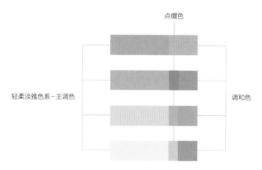

图6-22　轻柔淡雅色系四组配色

4. 活力饱满色系（图6-23）

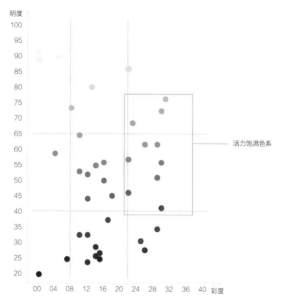

图6-23　COLORO九色域定位图中活力饱满色系范围

活力饱满色系为在COLORO九色域中总结的中、高明度，高彩度的色彩。色彩信息及配色方案如图6-24、图6-25所示。

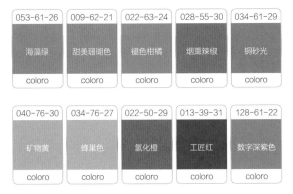

图6-24　活力饱满色系色彩信息

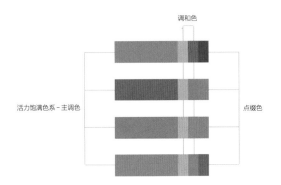

图6-25　活力饱满色系四组配色

5. 沉稳中性色系（图6-26）

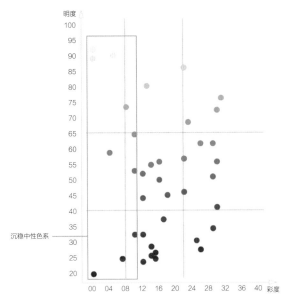

图6-26　COLORO九色域定位图中沉稳中性色系范围

沉稳中性色系为在COLORO九色域中总结的低彩度的所有色彩。色彩信息及配色如图6-27、图6-28所示。

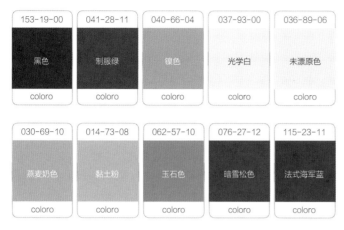

图6-27　沉稳中性色系色彩信息

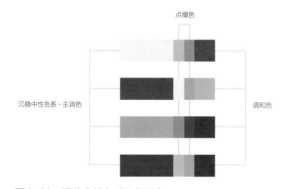

图6-28　沉稳中性色系四组配色

（四）2022年度色彩解析与主题搭配

2022年度关键色为粉色相，本年度粉色开始向饱和玫红色演化，并在2022春夏加入一抹蓝色调。蝴蝶兰（图6-29）以鲜艳超饱和质感席卷各个季

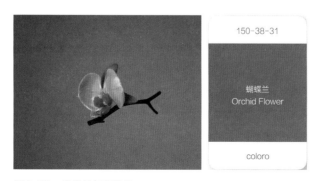

图6-29　蝴蝶兰色彩信息

节与地域，且线上线下皆宜。在当下充满挑战的时期，抢眼的鲜活粉色展现强大的吸引力。

应用建议：蝴蝶兰粉色是用于时尚、美妆与室内设计的百搭活力色彩，并已在运动装和礼服上出现。预计该色彩将凭借其醒目强烈的特点，在美妆行业大放异彩。

下面会针对这一关键色彩，扩展三个主题，每个主题提取三个灵感图进行定向搭配。这共18组配色，在配色的过程中，要谨遵以下方法步骤：

①灵感图比例取色。

②色彩数据定位及综合分析。

③取用核心关系色盘组成多个配色方案。

1. 奢华暖调主题——方案1

如图6-30所示，左边为灵感图，按由上到下对色彩进行排列，按照图片近似的比例取色。右边为取色后的色块比例，可以看到色块中间区域为图片中模特裙摆色彩，即150-38-31蝴蝶兰色彩。

图6-30 奢华暖调主题方案1——灵感图取色

我们将色块中的色彩进行七位数编码（可在CCI中吸取色彩，同时得到色号即色彩编码），同时进行数据定位。可以通过分析得到核心色相、核心色域及核心色彩关系色盘，配色过程中可取用核心关系盘组成多个配色方案。

图6-31中的左图为从灵感图中提取的9个色块色彩的色相分布图。我们由圆心画出一条射线经过蝴蝶兰色彩，触及到这条射线的色彩，为同色相色彩，该色相为此主题配色的核心色色相。右图为9个色彩的九色域分布图。框选出与蝴蝶兰色相近的色彩范围，范围中的色彩称为该主题配色的核心色调。

与此同时还有一个关键步骤，便是通过9个色彩的不同属性，结合色彩三要素的特征，总结归纳出不同的核心色彩关系。每个色彩关系的组合即为一组核心色彩关系色盘。注意要根据主题有目标性地总结，便于在配色时提取核心色彩关系色盘进行配色。

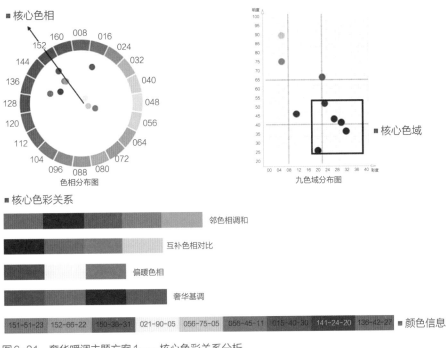

图6-31 奢华暖调主题方案1——核心色彩关系分析

我们根据核心色相的定位图来进行核心色相的配色。在9个色彩的色相环定位图中画两条经过圆心的射线，使得两条射线的夹角为180°，经过这两条射线的色彩为互补色色盘，其中一条射线触及的色彩是紫色相，该色相与核心色相为邻色相，我们将三条射线触及的色彩统称为"邻色相与互补色相色盘"（图6-32）。

针对丰富组合的"邻色相与互补色相色盘"与"核心色相色盘"我们可以完成一次有节奏的配色方案，可参考图6-32中右图的配色比例。

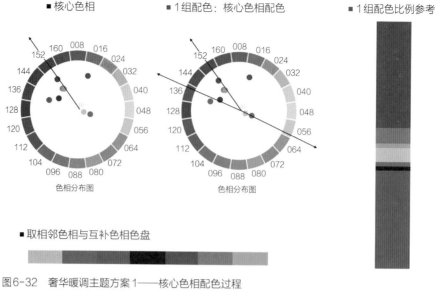

图6-32　奢华暖调主题方案1——核心色相配色过程

　　在针对核心色域的配色方法中，我们在9个色彩色调定位图中画一条穿过核心色域最多的色彩，同时也穿过蝴蝶兰色彩的直线。经过该直线的色彩为九色域斜线取色色盘，右图为该色盘的配色比例参考（图6-33）。

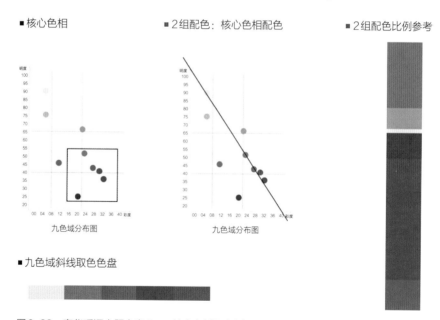

图6-33　奢华暖调主题方案1——核心色域配色过程

　　由于我们在第二步骤色彩数据定位及综合分析的过程中，对取用的色彩进行了深度的多维度分析，因而在后面的配色中，仅用简单的射线、直线、夹角等辅助图形便能完成多项配色工作。我们甚至可以进行更复杂、更多变的色彩取用方案，这需要在分析的步骤上做到足够的透彻以及紧扣主题。

2. 奢华暖调主题——方案2（图6-34~图6-37）

150-38-31

蝴蝶兰

coloro

图6-34　奢华暖调主题方案2——灵感图取色

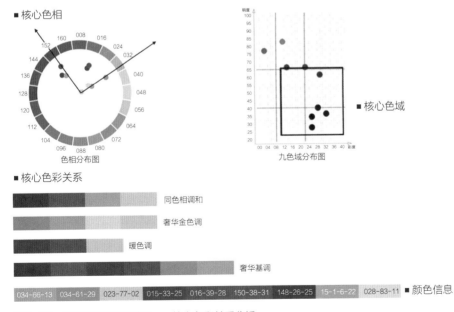

图6-35　奢华暖调主题方案2——核心色彩关系分析

■核心色域　　　　　　■3组配色：核心色域配色　　　　　　　　■3组配色比例参考

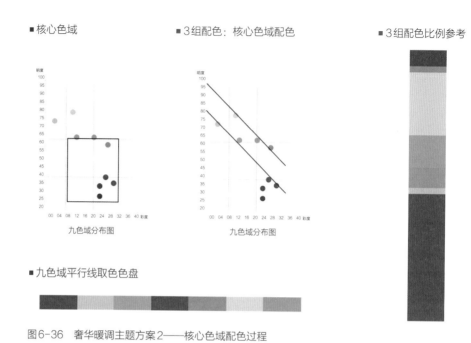

■九色域平行线取色色盘

图6-36　奢华暖调主题方案2——核心色域配色过程

■核心色相　　　　　■4组配色：核心色相配色　　　　　　　　■4组配色比例参考

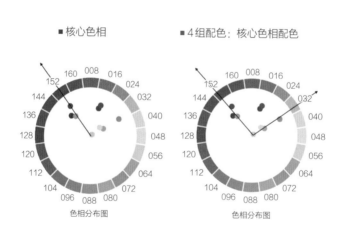

■取90°直角色相色盘

图6-37　奢华暖调主题方案2——核心色相配色过程

3. 奢华暖调主题——方案3（图6-38~图6-41）

图6-38 奢华暖调主题方案3——灵感图取色

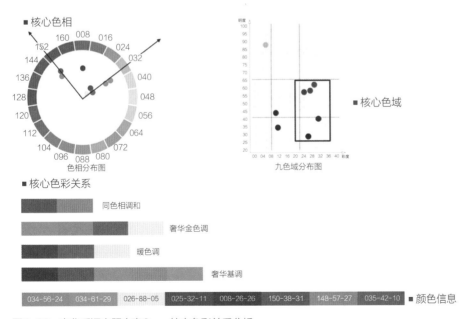

图6-39 奢华暖调主题方案3——核心色彩关系分析

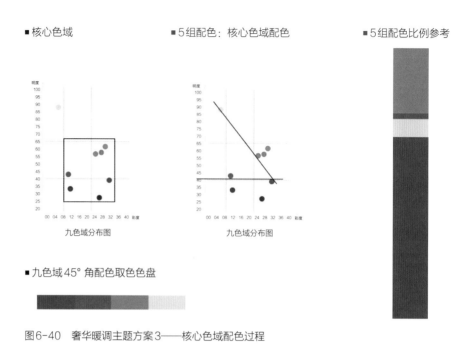

图6-40　奢华暖调主题方案3——核心色域配色过程

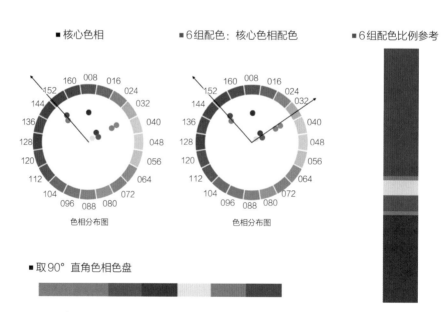

图6-41　奢华暖调主题方案3——核心色相配色过程

4. 神秘暗调主题——方案1（图6-42~图6-45）

图6-42　神秘暗调主题方案1——灵感图取色

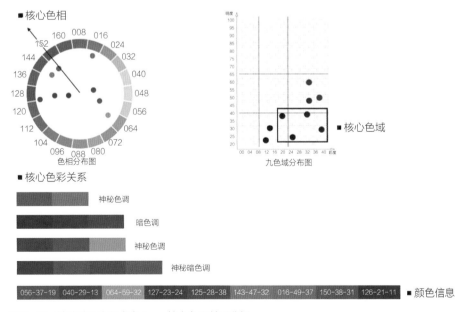

图6-43　神秘暗调主题方案1——核心色彩关系分析

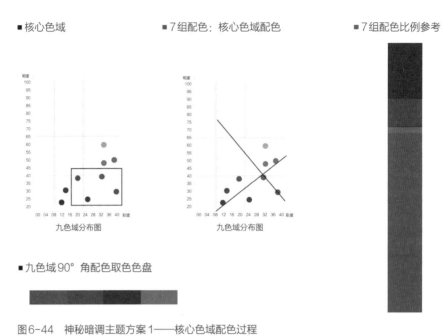

图6-44　神秘暗调主题方案1——核心色域配色过程

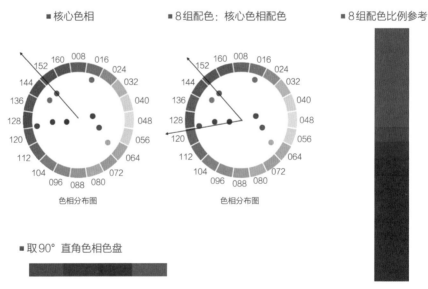

图6-45　神秘暗调主题方案1——核心色相配色过程

5. 神秘暗调主题——方案2（图6-46~图6-49）

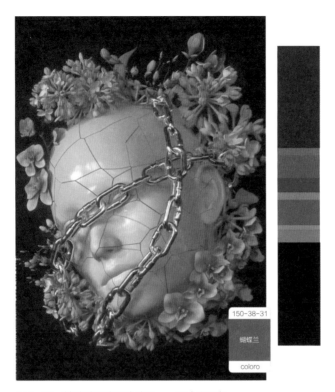

图6-46　神秘暗调主题方案2——灵感图取色

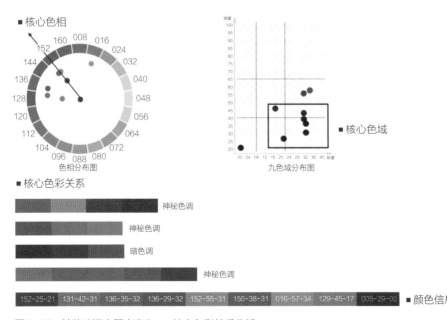

图6-47　神秘暗调主题方案2——核心色彩关系分析

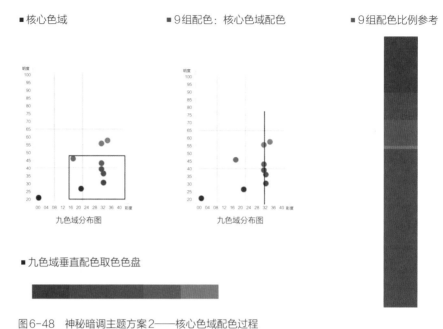

图6-48 神秘暗调主题方案2——核心色域配色过程

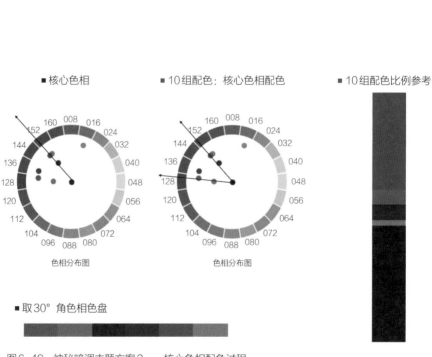

图6-49 神秘暗调主题方案2——核心色相配色过程

6. 神秘暗调主题——方案3（图6-50~图6-53）

图6-50 神秘暗调主题方案3——灵感图取色

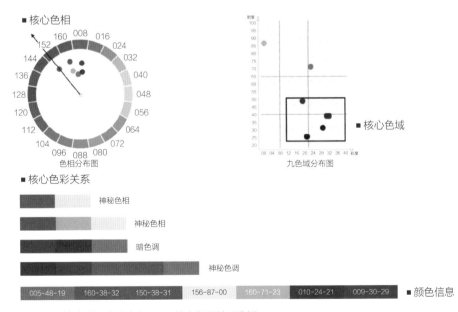

图6-51 神秘暗调主题方案3——核心色彩关系分析

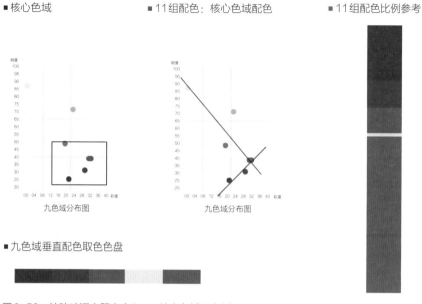

图6-52　神秘暗调主题方案3——核心色域配色过程

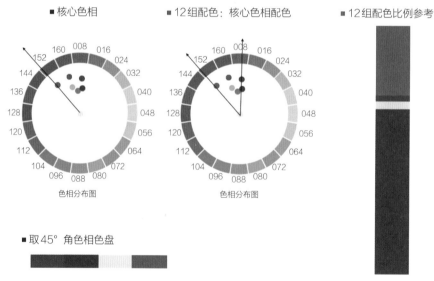

图6-53　神秘暗调主题方案3——核心色相配色过程

7. 梦幻前卫主题——方案1（图6-54~图6-57）

图6-54 梦幻前卫主题方案1——灵感图取色

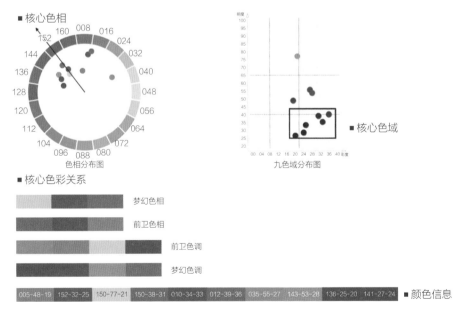

图6-55 梦幻前卫主题方案1——核心色彩关系分析

■核心色域　　　　　■13组配色：核心色域配色　　　　■13组配色比例参考

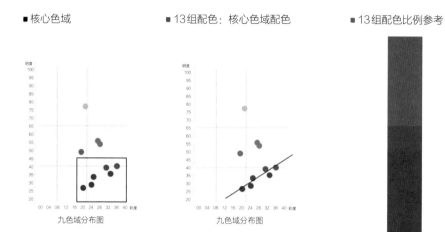

■ 九色域斜线取色色盘

图6-56　梦幻前卫主题方案1——核心色域配色过程

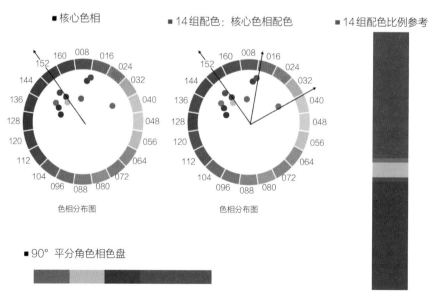

图6-57　梦幻前卫主题方案1——核心色相配色过程

8. 梦幻前卫主题——方案2（图6-58~图6-61）

图6-58　梦幻前卫主题方案2——灵感图取色

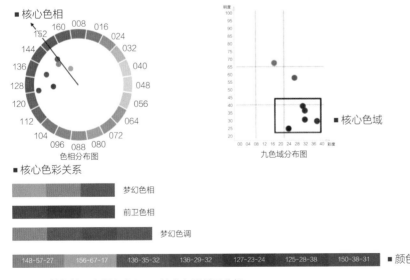

图6-59　梦幻前卫主题方案2——核心色彩关系分析

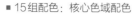

■核心色域　　　　　　　　　■15组配色：核心色域配色　　　　　　　■15组配色比例参考

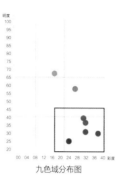

九色域分布图

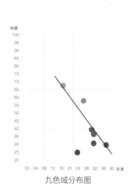

九色域分布图

■九色域斜线取色色盘

图6-60　梦幻前卫主题方案2——核心色域配色过程

■核心色相　　　　　　　　　■16组配色：核心色相配色　　　　　　　■16组配色比例参考

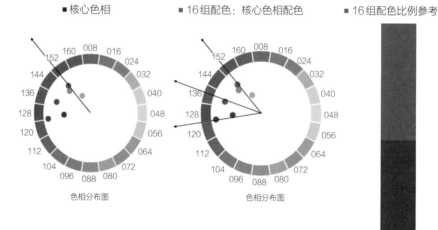

色相分布图　　　　　　　　　　　　色相分布图

■60°平分角色相色盘

图6-61　梦幻前卫主题方案2——核心色相配色过程

9. 梦幻前卫主题——方案3（图6-62~图6-65）

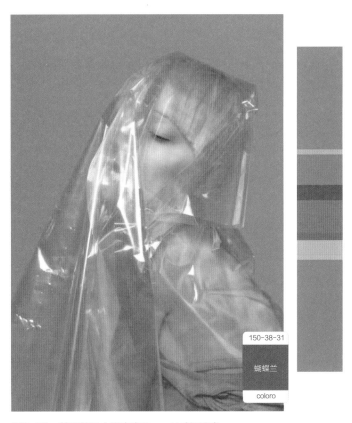

图6-62　梦幻前卫主题方案3——灵感图取色

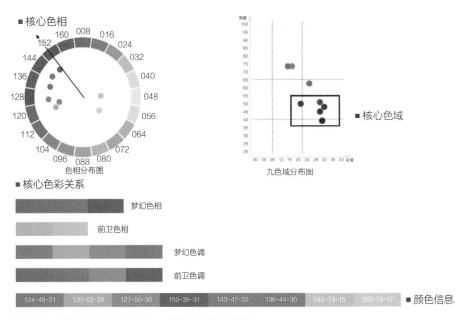

图6-63　梦幻前卫主题方案3——核心色彩关系分析

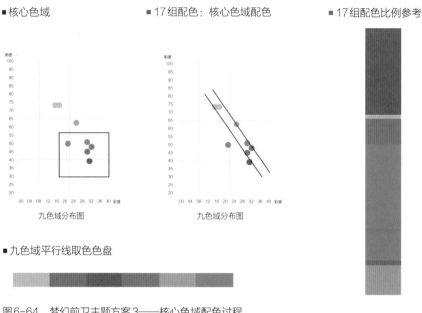

图6-64　梦幻前卫主题方案3——核心色域配色过程

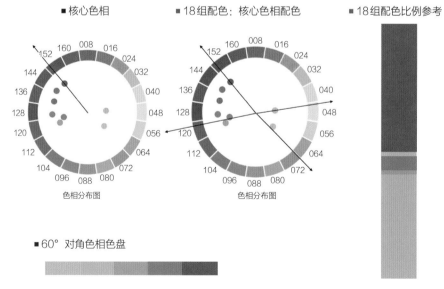

图6-65　梦幻前卫主题方案3——核心色相配色过程

三、品牌色彩数据分析

我们对8个品牌秀场进行分析，分别总结品牌该季度秀场的色系占比情况，对关键色的色彩信息进行归纳。最后通过关键色色相、色调的数据定位图，结合本书色彩关键应用知识，简明扼要地概括每个品牌的该季度秀款传达出的核心信息。

（一）麦丝玛拉（MAX MARA）（图6-66~图6-69）

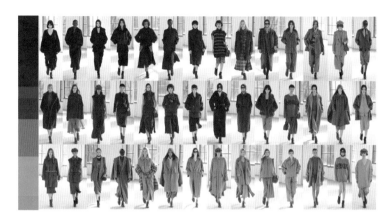

图6-66 麦丝玛拉2021/2022秋冬秀场

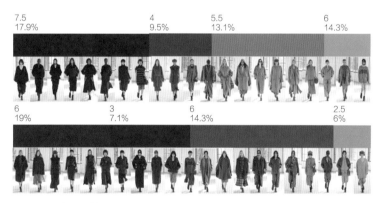

图6-67 麦丝玛拉2021/2022秋冬秀场色彩占比

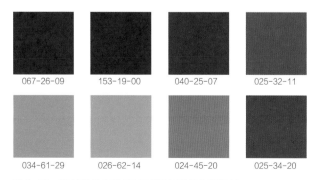

| 067-26-09 | 153-19-00 | 040-25-07 | 025-32-11 |
| 034-61-29 | 026-62-14 | 024-45-20 | 025-34-20 |

图6-68 麦丝玛拉2021/2022秋冬秀场色彩归纳

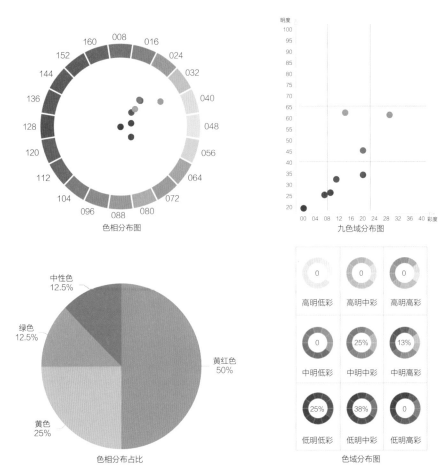

图6-69　麦丝玛拉2021/2022秋冬秀场颜色数据定位

　　麦丝玛拉品牌2021/2022秋冬产品主要以黄绿色系为主。整体用色集中在第三、第五和第六色域，占比为74%，明度值彩度值均偏低。搭配方式以同色系搭配为主，个别高彩度点缀为辅。

（二）爱马仕（Hermès）（图6-70~图6-73）

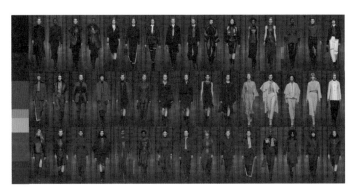

图6-70　爱马仕2021/2022秋冬秀场

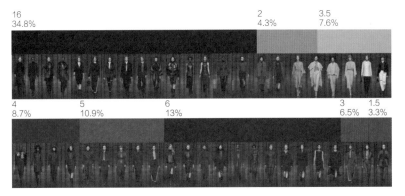

图6-71 爱马仕 2021/2022秋冬秀场色彩占比

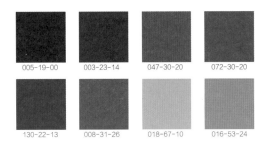

图6-72 爱马仕 2021/2022秋冬秀场色彩归纳

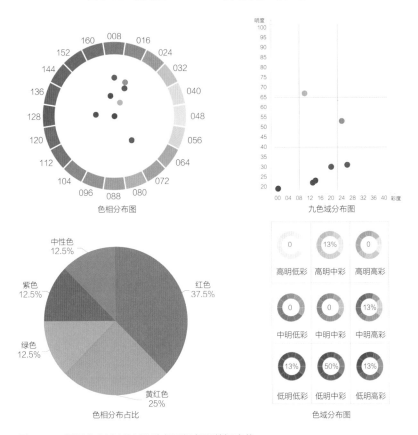

图6-73 爱马仕2021/2022秋冬秀场色彩数据定位

爱马仕品牌2021/2022秋冬产品涵盖红黄色系、蓝紫色系及黑白色系三个色相区域。低明度低彩度区域占比最大，为73.9%，主要集中于第三色域及第六色域明度值小于16的色彩范围。搭配方式以同色系搭配为主。

（三）MSGM（图6-74~图6-77）

图6-74　MSGM 2021/2022秋冬秀场

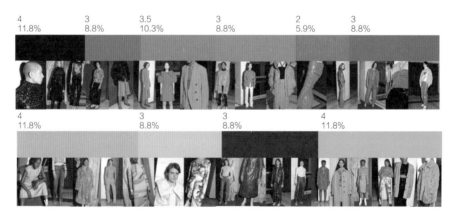

图6-75　MSGM 2021/2022秋冬秀场色彩占比

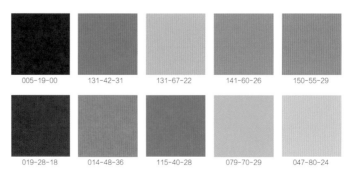

005-19-00	131-42-31	131-67-22	141-60-26	150-55-29
019-28-18	014-48-36	115-40-28	079-70-29	047-80-24

图6-76　MSGM 2021/2022秋冬秀场色彩归纳

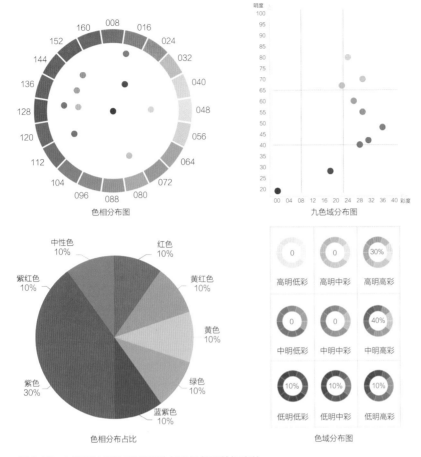

色相分布图

九色域分布图

中性色
10%
红色
10%
紫红色
10%
黄红色
10%
黄色
10%
紫色
30%
绿色
10%
蓝紫色
10%

色相分布占比

高明低彩 0	高明中彩 0	高明高彩 30%
中明低彩 0	中明中彩 0	中明高彩 40%
低明低彩 10%	低明中彩 10%	低明高彩 10%

色域分布图

图6-77　MSGM 2021/2022秋冬秀场色彩数据定位

　　MSGM品牌2021/2022秋冬产品涵盖蓝紫色系、黄绿色系、红色系三个色相区域。高彩度用色占据最高比例，为79.4%，主要集中于第八色域以及第七色域明度值均高于40的色彩范围。搭配方式以同色系搭配为主。

（四）高田贤三（KENZO）（图6-78~图6-81）

图6-78　高田贤三2021秋冬秀场

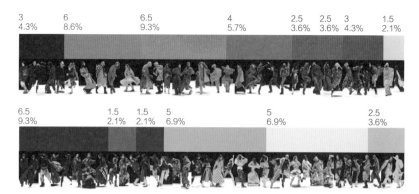

图6-79 高田贤三2021秋冬秀场色彩占比

图6-80 高田贤三2021秋冬秀场色彩归纳

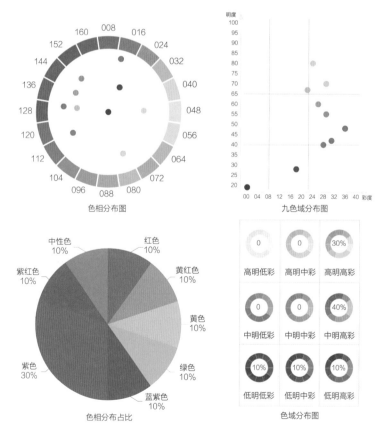

图6-81 高田贤三2021秋冬秀场色彩数据定位

高田贤三品牌2021秋冬产品涵盖多个色相区域，高彩度与低明度两个区域占据最高比例，分别为42.25%；用色丰富，搭配方式以同色相调节高低明度为主。

（五）蔻依（Chloe）（图6-82~图6-85）

图6-82　蔻依2021/2022秋冬秀场

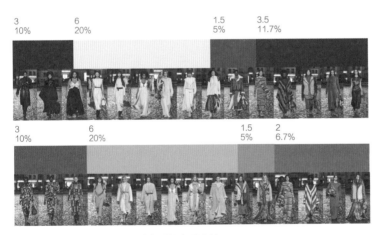

图6-83　蔻依2021/2022秋冬秀场色彩占比

图6-84　蔻依2021/2022秋冬秀场色彩归纳

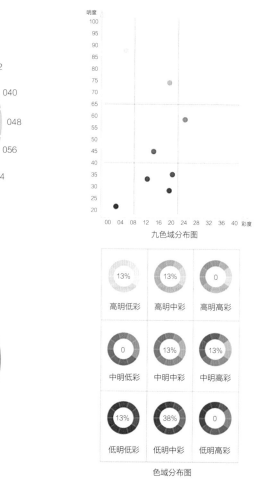

色相分布图

九色域分布图

中性色
12.5%

红色
12.5%

黄红色75%

色相分布占比

13%	13%	0
高明低彩	高明中彩	高明高彩
0	13%	13%
中明低彩	中明中彩	中明高彩
13%	38%	0
低明低彩	低明中彩	低明高彩

色域分布图

图6-85　蔻依2021/2022秋冬秀场色彩数据定位

（六）吉尔·桑达（JIL SANDER）（图6-86~图6-89）

图6-86　吉尔·桑达2021/2022秋冬秀场

| 8 16% | 8 16% | 2 4% | 3 6% |
| 1.5 3% | 1.5 3% | 1.5 3% | 2.5 5% | 6 12% |

图6-87　吉尔·桑达2021/2022秋冬秀场色彩占比

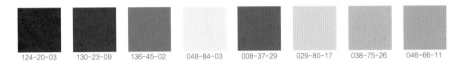

124-20-03　130-23-09　136-45-02　048-84-03　008-37-29　029-80-17　038-75-26　046-66-11

图6-88　吉尔·桑达2021/2022秋冬秀场色彩归纳

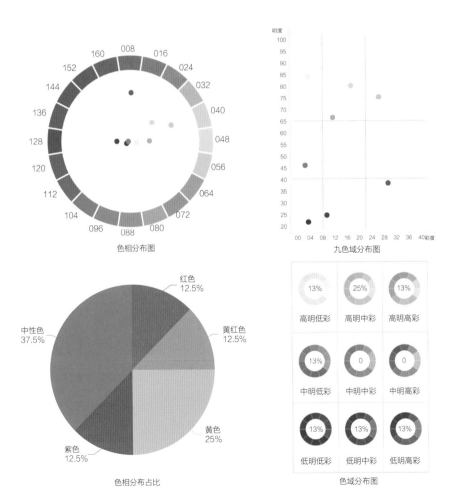

图6-89　吉尔·桑达2021/2022秋冬秀场色彩数据定位

　　吉尔·桑达品牌2021/2022秋冬产品涵盖红黄色系、黄绿色系、蓝紫色系三个色相区域。中、高明度区域占比最大，为68%，主要集中于高于65的高明度色彩范围内。搭配方式以同色系不同彩度调和为主。

（七）拉夫·西蒙（Raf Simons）（图6-90~图6-93）

图6-90　拉夫·西蒙2021春夏秀场

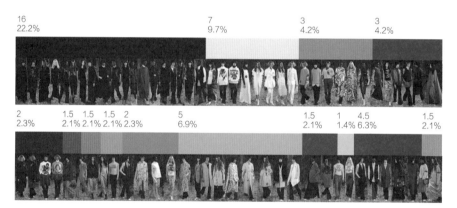

图6-91　拉夫·西蒙2021春夏秀场色彩占比

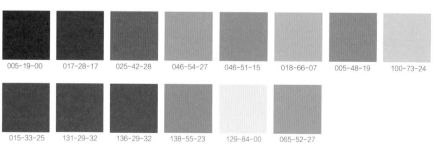

005-19-00　017-28-17　025-42-28　046-54-27　046-51-15　018-66-07　005-48-19　100-73-24

015-33-25　131-29-32　136-29-32　138-55-23　129-84-00　065-52-27

图6-92　拉夫·西蒙2021春夏秀场色彩归纳

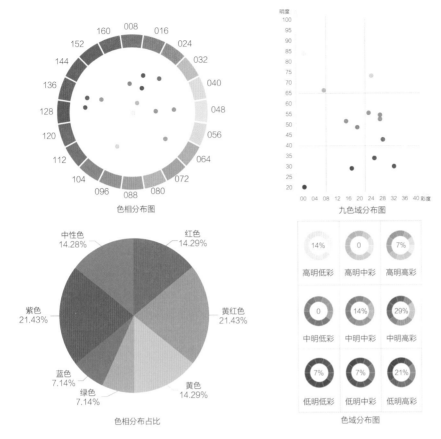

色相分布图

九色域分布图

14%	0	7%
高明低彩	高明中彩	高明高彩
0	14%	29%
中明低彩	中明中彩	中明高彩
7%	7%	21%
低明低彩	低明中彩	低明高彩

色相分布占比

色域分布图

图6-93　拉夫·西蒙2021春夏秀场色彩数据定位

　　拉夫·西蒙品牌2021春夏产品色相覆盖较全面，主要涵盖紫红色系、红橙色系及黄绿色系三个色相区域。关键色的中、高彩度色彩占比极高，为68.1%，主要集中于彩度值高于20的色域范围。搭配方式以彩度对比搭配为主。

（八）斐乐（FILA）（图6-94~图6-97）

图6-94　斐乐2020春夏秀场

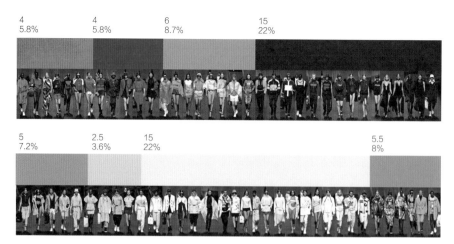

图6-95 斐乐2020春夏秀场色彩占比

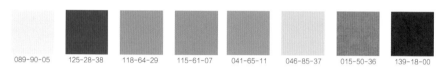

图6-96 斐乐2020春夏秀场色彩归纳

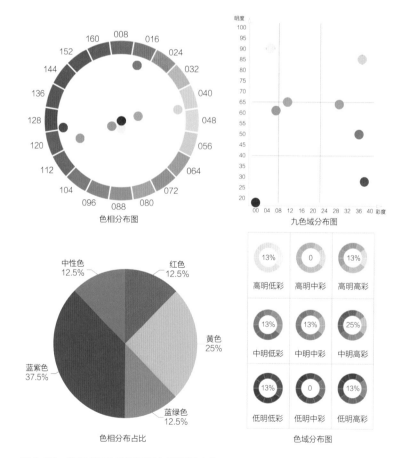

图6-97 斐乐2020春夏秀场色彩数据定位

斐乐品牌2020春夏产品涵盖蓝色系、红黄色系、中性色三个色相区域。中明度高彩度区域占比最大，为25%，主要集中于第八色域，为经典的运动品牌色域。搭配方式主要以红蓝撞色、高彩度系列与中性色系列为主。

对色彩趋势的解读，包含宏观的色彩趋势与微观的品牌色彩分析两大视角。前者便是本章第一节与第二节的全球流行色趋势分析的内容。宏观的色彩趋势以时间轴作为参照，划分为宏观趋势演变、长期色彩趋势、年度色彩趋势与季度色彩趋势。微观视角即品牌色彩分析，本章第三节的品牌色彩数据分析内容便为一个代表性的切入点。

服装领域的两大色彩趋势视角的解读需同时进行，相互参照理解，由此方可创造出在流行趋势中汲取色彩创新的各种可能性。